"十三五"国家重点出版物出版规划项目

现代机械工程系列精品教材

普通高等教育新工科机器人工程系列教材

工业机器人技术基础及其应用

主　编　戴凤智　乔　栋

参　编　闫玉洁　安凌然　朱宇璇

机械工业出版社

本书将工业机器人的硬件和控制、软件编程和应用进行有序整合，阐述了工业机器人技术基础及其应用。全书共 10 章，主要内容包括：工业机器人概述、工业机器人的机械结构系统和驱动系统、工业机器人的传感系统、工业机器人的控制系统、ABB 工业机器人的硬件和基本操作、工业机器人的虚拟仿真，以及工业机器人的四大典型应用（搬运、码垛、焊接、装配）。为了方便读者学习和掌握要点，每章后均设有"本章小结"和"思考与练习题"。

本书面向工科院校机器人工程相关专业的师生，作为该专业领域的通识类本科和高职高专教材，也可供相关领域的工程技术人员参考。

本书配有 ppt 电子课件，免费提供给选用本书作为教材的授课教师。需要者请登录机械工业出版社教育服务网（www.cmpedu.com）注册下载。

图书在版编目（CIP）数据

工业机器人技术基础及其应用/戴凤智，乔栋主编 . —北京：机械工业出版社，2020. 1（2022. 9 重印）

"十三五"国家重点出版物出版规划项目　现代机械工程系列精品教材

普通高等教育新工科机器人工程系列教材

ISBN 978-7-111-64249-7

Ⅰ . ①工… Ⅱ . ①戴… ②乔… Ⅲ . ①工业机器人—高等学校—教材 Ⅳ . ①TP242. 2

中国版本图书馆 CIP 数据核字（2019）第 266838 号

机械工业出版社（北京市百万庄大街 22 号　邮政编码 100037）

策划编辑：刘　涛　责任编辑：刘　涛　任正一

责任校对：张　薇　封面设计：张　静

责任印制：张　博

三河市宏达印刷有限公司印刷

2022 年 9 月第 1 版第 4 次印刷

184mm×260mm · 13. 5 印张 · 331 千字

标准书号：ISBN 978-7-111-64249-7

定价：38. 00 元

电话服务　　　　　　　网络服务

客服电话：010-88361066　机　工　官　网：www.cmpbook.com

　　　　　010-88379833　机　工　官　博：weibo.com/cmp1952

　　　　　010-68326294　金　书　网：www.golden-book.com

封底无防伪标均为盗版　机工教育服务网：www.cmpedu.com

序

　　工业机器人的技术基础及其应用涉及机械设计与制造、电子技术、传感技术、视觉技术、软件技术、控制技术、人工智能等诸多领域。工业机器人是智能工厂、智能制造车间、自动化生产线的重要基础装备，广泛应用于汽车制造、3C 电子产品、航空航天、食品加工、焊接、铸造、喷涂等行业，有效提高了产品质量和生产效率，节约了劳动力成本，增强了企业竞争力。

　　本书主编戴凤智从大学本科到博士，乃至目前作为高校教师从事的专业一直是自动化、智能控制与机器人。他的本科和硕士研究生阶段是在北京理工大学自动控制系度过的，他读博士学位时的导师是日本著名的有"人工生命和机器人之父"之称的杉坂政典教授。戴凤智作为专业负责人为天津科技大学成功申报并获批了机器人工程本科新专业，也为许多高职和中职院校创立了人工智能专业和工业机器人专业。

　　因此，当我收到本书主编戴凤智为本书作序的请求时便欣然应允，既是表达对校友的支持之意，同时也希望读者朋友们能从本书中有所收获。本书是集主编多年教学经验所成之作。在人工智能和机器人教学方面，主编戴凤智作为项目主持人获得了 2018 年高等教育天津市市级教学成果二等奖和 2017 年度中国轻工业联合会优秀教材二等奖。

　　本书以工业机器人技术基础知识为出发点，分别在机械、控制、驱动、基本操作、虚拟仿真和应用等方面进行了介绍，能够使读者对工业机器人技术和实操应用有一个全面清晰的认识。本书是有意从事工业机器人的设计研究与应用实践的初学者、爱好者的可选之作。

北京理工大学自动化学院院长

夏元清

2019 年 8 月

前　　言

　　机器人是人工智能皇冠上的明珠，是先进制造业的重要支撑装备，也是智能制造业的关键切入点。机器人可以代替或者协助人类完成各种工作。那些枯燥的、危险的、有毒有害的工作，都可以由机器人大显身手。工业机器人作为机器人家族中的重要一员，是目前技术最成熟、应用最广泛的一类机器人，其研发和产业化应用是衡量科技创新和高端制造发展水平的重要标志。

　　工业机器人本质上就是一种智能化机械设备，它代表了机械制造业的发展方向。由于其可以大幅度提升工作效率、提高产品质量，还能将人们从繁重的劳动中解放出来，所以被广泛应用于各个领域。工业机器人是集机械、电子、控制、计算机、传感器、人工智能等多学科先进技术于一体的现代制造业中重要的自动化装备。广泛采用工业机器人，不仅可以提高产品生产的质量与数量，而且对于保障人身安全、改善劳动环境、减轻劳动强度、提高劳动生产率、节约材料以及降低生产成本都有着十分重要的意义。和计算机、网络技术一样，工业机器人的广泛应用正在日益改变着人类的生产和生活方式。

　　我国工业机器人产业正在迎来爆发性的发展机遇。然而，现阶段我国工业机器人领域人才供需失衡，缺乏经过系统培训的、能熟练安全使用和维护工业机器人的专业人才。面对这一现状，为了更好地推广运用工业机器人技术，亟须编写一本全面、系统的工业机器人入门实用教材。

　　本书将工业机器人的硬件和控制、软件编程和应用进行有序整合，阐述了工业机器人技术基础及其应用，同时吸纳了国内外许多具有代表性的研究成果。本书主要以 ABB 机器人为主，结合工业机器人仿真系统和实训装备，遵循"由简入繁，软硬结合，循序渐进"的编写原则，依据初学者的学习需要，科学设置知识点，结合典型实例讲解，倡导实用性教学，有助于激发学生的学习兴趣、提高教学效率，便于初学者在短时间内全面、系统了解工业机器人操作与编程的常识。全书内容注重理论与实际的结合，提供了将工业机器人应用在不同作业场景中所需要的知识。

　　全书共 10 章。第 1 章工业机器人概述、第 2 章工业机器人的机械结构系统和驱动系统、第 3 章工业机器人的传感系统和第 4 章工业机器人的控制系统，由闫玉洁编写；第 5 章 ABB工业机器人的硬件和基本操作、第 6 章工业机器人的虚拟仿真，由朱宇璇编写；第 7~10 章为工业机器人在四大典型工业领域中的应用，由安凌然编写。全书由戴凤智拟定编写大纲，戴凤智和乔栋统稿，刘岩和叶美麟负责校对。

　　本书主要面向工业机器人领域的工科院校机器人工程及相关专业师生，可作为该专业领域的通识类本科和高职高专教材，同时可供相关领域的工程技术人员参考使用。本书从基础知识开始，以一定的广度和深度介绍目前工业机器人技术中重要的理论和关键的程序指令。本书回避陷入"科普"式的堆砌材料的写作方式，利用编者在该领域具有的实践经验，力图在介绍各种理论和操作时能够通过简单易懂的方式呈现给大家。

　　本书的部分内容和工作分别获得 2017 年度中国轻工业联合会优秀教材二等奖、2018 年高等教育天津市市级教学成果二等奖，编写团队于 2019 年获得天津市市级"智能控制与机器人设计核心课程群教学团队"。

　　本书以讲义形式在多所高校使用，并经过多次修改。本书也是天津市普通高校本科教学质量与教学改革研究计划项目（171005704B）、教育部产学合作协同育人项目（201802286009）、天津市企业科技特派员项目（19JCTPJC53700）的成果之一。

　　在本书的编写过程中，得到了北京理工大学夏元清教授的鼓励和支持，夏教授还为本书作序，在此表示感谢。本书也是天津科技大学和山西大同大学师生集体努力的结果。其中，主编戴凤智和乔栋科研团队成员叶忠用、金霞、尹迪、袁亚圣、赵继超、郝宏博、温浩康、张倩倩也参与了本书的部分工作。在编写过程中，编者参考了大量有关工业机器人方面的教材、书籍、论著和网络资料，限于篇幅，不能在参考文献中一一列举，在此一并对原作者致以衷心的感谢。

　　由于编者水平有限，书中不妥之处在所难免，恳请读者批评指正。

编　者

2019 年 9 月

目　　录

1

1.1　机器人简介

机器人是 20 世纪人类最伟大的发明之一，第一台机器人试验样机 1954 年诞生于美国，机器人产品则问世于 20 世纪 60 年代。"机器人"一词最早出现于 1920 年，捷克斯洛伐克作家卡雷尔·恰佩克在他的科幻小说中，根据 Robota（捷克文，原意为"劳役、苦工"）和 Robotnik（波兰文，原意为"工人"），创造出"Robot"这个词。在书中，机器人像奴隶一样按照主人的命令从事繁重的劳动。1942 年美国科幻巨匠阿西莫夫提出"机器人三定律"，虽然这只是科幻小说里的创造，但后来成为学术界默认的机器人研发原则：

第一法则：机器人不得伤害人类，或袖手旁观坐视人类受到伤害。

第二法则：除非违背第一法则，机器人必须服从人类的命令。

第三法则：在不违背第一及第二法则下，机器人必须保护自己。

机器人（Robot）是自动执行工作的机器装置。它既可以接受人类指挥，又可以运行预先编排的程序，也可以根据以人工智能技术制定的原则纲领行动。它的任务是协助或取代人类的部分工作。

国际上对机器人的概念已经趋近一致，即机器人是靠自身动力和控制能力来实现各种功能的一种机器。联合国标准化组织（ISO）采纳了美国机器人协会（RIA）对机器人的定义："一种可编程和多功能的操作机；或是为了执行不同的任务而具有可用计算机改变和可编程动作的专门系统"。机器人是一种高度复杂的自动化装置，综合运用了机械、电子、计算机、检测、通信、自动控制、语音和图像处理等技术。

机器人的分类方式很多，国际上没有制定统一的标准。一般按照用途可分为：工业机器人、农业机器人、服务机器人、医疗机器人、娱乐机器人、特种机器人、军事机器人等；按照使用场合可分为：水下机器人、地上机器人、陆地机器人、空中机器人、太空机器人、两栖机器人、多栖机器人等；按照控制方式可分为：遥控型机器人、程序型机器人、示教再现型机器人、智能控制型机器人等；按照驱动方式可分为：气压驱动型机器人、液压驱动型机器人、电气驱动型机器人；按照机构特性可分为：串联机器人和并联机器人。

我国机器人专家从应用环境角度，将机器人分为两大类：工业机器人和特种机器人。工业机器人是面向工业领域的多关节机械手或多自由度机器人；特种机器人是用于非制造业并服务于人的各种机器人，如服务机器人、水下机器人、娱乐机器人等。

机器人系统是由机器人和作业对象及环境共同构成的。机器人系统由四部分组成，包括机械系统、驱动系统、控制系统和感知系统。

1. 机械系统

工业机器人的机械系统包括机身、臂部、手腕、末端操作器和行走机构等部分，每一部分都有若干自由度，从而构成一个多自由度的机械系统。此外，有的机器人还具备行走机构。若机器人具备行走机构，则构成行走机器人；若机器人不具备行走及腰转机构，则构成单机器人臂。末端操作器是直接装在手腕上的一个重要部件，它可以是两手指或多手指的手爪，也可以是喷漆枪、焊枪等作业工具。工业机器人机械系统的作用相当于人的身体（如骨髓、手、臂和腿等）。

2. 驱动系统

驱动系统是指驱动机械系统动作的驱动装置。根据驱动源的不同，驱动系统可分为电气、液压和气压三种以及把它们结合起来应用的综合系统。驱动系统的作用相当于人的肌肉。

电气驱动系统在工业机器人中应用得较为普遍，可分为步进电动机、直流伺服电动机和交流伺服电动机三种驱动形式。早期多采用步进电动机驱动，后来发展了直流伺服电动机，现在交流伺服电动机驱动也逐渐得到应用。上述驱动单元有的用于直接驱动机构运动，也有的通过谐波减速器减速后再驱动机构运动，结构一般都简单紧凑。

液压驱动系统运动平稳，且负载能力大，对于重载搬运和零件加工机器人，采用液压驱动比较合理。但液压驱动存在管道复杂、清洁困难等缺点，因此限制了它在装配作业中的应用。

无论电气还是液压驱动的机器人，其手爪的开合都采用气动形式。气压驱动机器人结构简单、动作迅速、价格低廉，由于空气具有可压缩性，其工作速度的稳定性较差。但是，空气的可压缩性可使手爪在抓取或卡紧物体时的顺应性提高，防止受力过大而造成被抓物体或手爪本身的破坏。气压系统的压力一般为 0.7MPa，因而抓取力较小，一般只有几十牛顿到几百牛顿。

3. 控制系统

控制系统的任务是根据机器人的作业指令程序以及从传感器反馈回来的信号控制机器人的执行机构，使其完成规定的运动和功能。如果机器人不具备信息反馈特征，则该控制系统称为开环控制系统；如果机器人具备信息反馈特征，则该控制系统称为闭环控制系统。机器人的控制系统主要由计算机硬件和控制软件组成。软件主要由人与机器人进行联系的人机交互系统和控制算法等组成。控制系统的作用相当于人的大脑。

4. 感知系统

机器人的感知系统由内部传感器和外部传感器组成，其作用是获取机器人内部和外部环境信息，并把这些信息反馈给控制系统。内部状态传感器用于检测机器人各关节的位置、速度等变量，为闭环伺服控制系统提供反馈信息。外部状态传感器用于检测机器人与周围环境之间的一些状态变量，如与障碍物之间的距离、接近程度和接触情况等，用于引导机器人，便于其识别物体并做出相应处理。外部传感器可使机器人以灵活的方式对它所处的环境做出反应，赋予机器人一定的智能。感知系统的作用相当于人的五官。

1.2　工业机器人的定义

工业机器人是面向工业领域的多关节机械手或多自由度
的机器装置，它能自动执行工作，是靠自身动力和控制能力
来实现各种功能的一种机器。它可以接受人类指挥，也可以
按照预先编制的程序运行。现代的工业机器人还可以根据人
工智能技术制定的原则纲领行动。一个典型的工业机器人如
图 1-1 所示。

工业机器人是集机械、电子、控制、计算机、传感器、
人工智能等多学科先进技术于一体的现代制造业中重要的自
动化装备。机器人技术、数控技术和可编程序控制器（PLC）
技术并称为工业自动化的三大支持技术。机器人技术及其产
品发展迅速，已成为柔性制造系统（FMS）、自动化工厂
（FA）、计算机集成制造系统（CIMS）的自动化工具，同时

图 1-1　工业机器人

也是工业 4.0 智能化工厂中重要的一环。工业机器人主要有以下三个基本特点：

（1）可编程　工业机器人可随其工作环境变化的需要而进行再编程，因此它在小批量、
多品种，具有均衡高效率的柔性制造过程中能发挥很好的作用，是柔性制造系统中的一个重
要组成部分。

（2）拟人化　工业机器人在机械机构上有类似人的腰部、大臂、小臂、手腕、手爪等
部分，其控制系统类似于人的大脑。智能化工业机器人还有许多类似于人类的“生物传感
器”，如皮肤型接触传感器、力传感器、负载传感器、视觉传感器、声觉传感器、语言功能
等。传感器提高了工业机器人对周围环境的自适应能力。

（3）通用性　除了特别设计的专用机器人外，一般的工业机器人在执行不同作业任务
时具有较好的通用性。可以通过更换工业机器人手部末端操作器（手爪、工具等）来使机
器人执行不同的作业任务。例如，将工业机器人手部末端的激光焊接器换成喷涂枪，通过适
当的硬件调整和软件编程后，就可以将原来的焊接机器人变成喷涂机器人。

工业机器人技术涉及的学科相当广泛，归纳起来它是机械学和微电子学的结合，即机电
一体化技术。第三代智能机器人不仅具有获取外部环境信息的各种传感器，而且还具有记忆
能力、语言理解能力、图像识别能力、推理判断能力等人工智能，这些都是微电子技术的应
用，特别是与计算机技术的应用密切相关。

1.3　工业机器人的发展

工业机器人的发展可划分为三个阶段：

（1）第一代机器人　20 世纪 50 至 60 年代，随着机构理论和伺服理论的发展，机器人
进入了实用阶段。1954 年美国的 G. C. Devol 发表了“通用机器人”专利；1960 年美国
AMF 公司生产了柱坐标型 Versatran 机器人，可进行点位和轨迹控制，这是世界上第一种应

用于工业生产的机器人。20 世纪 70 年代，随着计算机技术、现代控制技术、传感技术和人工智能技术的发展，机器人也得到了迅速的发展。1974 年 Cincinnati Milacron 公司成功开发了多关节机器人；1979 年，Unimation 公司又推出了 PUMA 机器人，它是一种多关节、全电动机驱动、多 CPU 二级控制的机器人，采用 VAL 专用语言，可配视觉、触觉、力觉传感器，在当时是技术最先进的工业机器人。

（2）第二代机器人　进入 20 世纪 80 年代，随着传感技术，包括视觉传感器、非视觉传感器（力觉、触觉、接近觉等）以及信息处理技术的发展，出现了第二代机器人，即有感觉的机器人。它能够获得作业环境和作业对象的部分相关信息，进行一定的实时处理，引导机器人进行作业。现在第二代机器人已进入了实用化，在工业生产中得到了广泛应用。

（3）第三代机器人　目前正在研究开发的第三代"智能机器人"，它不仅具有比第二代机器人更加完善的环境感知能力，而且还具有逻辑思维、判断和决策能力，可根据作业要求与环境信息自主地进行工作。

1.3.1　工业机器人在世界各国的发展

1. 工业机器人在美国的发展

美国是机器人的诞生地，早在 1962 年就研制出世界上第一台工业机器人。它的起步比号称机器人王国的日本早五六年。经过 50 多年的发展，美国拥有了雄厚的基础以及先进的技术，成为世界机器人强国之一。但它的发展道路充满曲折与不平坦。

美国工业机器人发展主要有四个阶段。第一阶段是 20 世纪 60 年代至 70 年代，美国的工业机器人主要立足于研究阶段，仅有几所大学和少数公司开展了相关项目的研究工作。1965 年，麻省理工学院（MIT）的 Roberts 演示了第一个具有视觉传感器、能识别与定位简单积木的机器人系统。当时，美国政府并未把工业机器人列入重点发展项目，特别是美国当时失业率高达 6.65%，政府担心发展机器人会造成更多人失业，因此政府既未投入财政支持，也未组织研制机器人。1970 年，在美国芝加哥举行了第一届国际工业机器人研讨会。1970 年以后，机器人的研究得到广泛而迅速的发展。1973 年，美国辛辛那提米拉克隆公司的理查德·豪恩开发出第一台由小型计算机控制的工业机器人，这是世界上第一次计算机和小型机器人的携手合作。它是由液压驱动的，有效负载能提升至 45kg。

第二阶段是 20 世纪 70 年代后期，美国政府和企业界对工业机器人制造和应用的认识有所改变，将技术路线的重点放在机器人软件及军事、宇宙、海洋、核工程等特殊领域的高级机器人的开发上。这种现象导致了日本的工业机器人后来居上，在工业生产应用和机器人制造领域很快超过了美国，并在国际市场上形成了较强的竞争力。

第三阶段是 20 世纪 80 年代中后期至 90 年代初期，美国政府真正开始重视工业机器人的研发和推广。美国国际标准管理局（ISA）和美国职业安全与健康管理局（OSHA）开始商讨并且建立美国机器人国家标准。随着机器人制造商的生产技术日臻成熟，功能简单的一代机器人逐渐不能满足实际需要，美国开始重视开发具备视觉、触觉、力感等功能的二代机器人。

第四阶段起始于 20 世纪 90 年代后期，各国开始重视工业机器人产业的发展，美国加大工业机器人软件系统的开发并处于领先地位，但工业机器人生产商的全球市场份额占比不高。

2011 年 6 月，美国启动《先进制造伙伴计划》，明确提出通过发展工业机器人提振美国制造业，重点开发基于移动互联技术的第三代智能机器人。近年来，以谷歌公司为代表的美国互联网公司开始进军机器人领域，试图融合虚拟网络能力和现实运动能力，推动机器人的智能化。谷歌公司在 2013 年强势收购多家科技公司，初步实现在视觉系统、强度与结构、人机交互、滚轮与移动装置等多个智能机器人关键领域的业务部署。截至 2015 年，美国共申请 1.6 万余件相关专利。近年来，在机器人技术方面，美国的高智能、高难度的国防机器人、太空机器人已经开始投入实际应用。

2. 工业机器人在日本的发展

日本工业机器人发展主要包括四个阶段。第一阶段为摇篮期（1967—1970 年），20 世纪 60 年代日本正处于劳动力严重短缺阶段，成为制约日本经济发展的一个主要原因。1967 年日本成立了人工手研究会（现改名为仿生机构研究会），同年召开了日本首届机器人学术会议。川崎重工业公司从美国 Unimation 公司引进先进的机器人技术，建立生产车间，并且于 1968 年制造出第一台川崎机器人。

第二阶段为实用期（1970—1980 年），日本工业机器人经历短暂的摇篮期后迅速进入发展时期，工业机器人 10 年间的增长率达到 30.8%。1980 年被称为日本的"机器人普及元年"，日本开始在工业领域推广使用机器人，这大大缓解了劳动力严重短缺的社会矛盾。日本政府采取鼓励政策，使这些机器人受到了广大企业的欢迎。日本也因此而赢得了"机器人王国"的美称。

第三阶段为普及提高期（1980—1990 年），日本政府开始在各个领域广泛推广使用机器人，1982 年日本的机器人产量约 2.5 万台，高级机器人数量占全球总量的 56%。

第四阶段为平稳成长期（从 1990 开始至今），受到金融危机的影响，日本机器人产业在 20 世纪 90 年代中后期进入低迷期，国际市场曾一度转向欧洲和北美。随着日本工业机器人技术的再次发展，日本工业机器人产业又逐渐恢复领先地位。

2014 年日本工业机器人的全球市场份额排名第一，其工业机器人产品按应用领域划分主要分为四类，分别是喷涂机器人、原材料运输机器人、装配机器人、清洁机器人。数据显示工业机器人在汽车和电子领域的应用比例高达 62.4%，这两类产业是推动日本国内机器人产业增速的主要力量。日本工业机器人的产业竞争优势在于完备的配套产业体系，在控制器、传感器、伺服电动机减速机、数控系统等关键零部件方面均具备较强的技术优势，有力推动工业机器人朝着微型化、轻量化、网络化、仿人化和廉价化的方向发展。

近年来，日本加大工业机器人在食品、药品、化妆品"三品产业"领域的投入。与汽车和电子产业不同，"三品产业"的卫生标准更高，解决卫生标准需要更先进的技术支持。日本工业机器人产业还在强调智能化的基础上，重点发展医疗护理机器人和救灾机器人来应对人口老龄化和自然灾害等问题。

3. 工业机器人在德国的发展

德国是欧洲最大的机器人市场，其智能机器人的研究和应用在世界上处于领先地位。目前在普及第一代工业机器人的基础上，第二代工业机器人经推广应用已成为主流安装机型，而第三代智能机器人已占有一定比重并成为发展的方向。

德国的 KUKA 公司是世界上几家顶级工业机器人制造商之一。1973 年研制开发了 KUKA 的第一台工业机器人。所生产的机器人广泛应用在仪器、汽车、航天、食品、制药、医学、铸造、塑料等工业领域，主要用于材料处理、机床装备、包装、堆垛、焊接、表面修整等方面。

德国政府在工业机器人发展的初级阶段发挥着重要作用，其后，产业需求引领工业机器人向智能化、轻量化和高能效化方向发展。20世纪70年代中后期，德国政府在推行"改善劳动条件计划"中，强制规定企业使用机器人代替部分有危险、有毒、有害的工作岗位，为机器人的应用开启了初始市场。

1985年，德国开始向智能机器人领域进军，经过了十几年的发展，以KUKA为代表的工业机器人生产企业占据全球领先地位。2013年，德国推行了以"智能工厂"为重心的"工业4.0计划"，工业机器人推动生产制造向灵活化和个性化方向转变。依此计划，通过智能人机交互传感器，人类可借助物联网对下一代工业机器人进行远程管理，这种机器人还将具备生产间隙的"网络唤醒模式"，以解决使用中的高能耗问题，促进制造业的绿色升级。

2014年德国工业机器人市场规模超过2万台，较2013年增加10%。2010—2014年，德国工业机器人年均增长率约为9%，主要推动力是汽车产业。近年来，针对机器人的智能化，德国机器人公司对人机互动技术和软件的研究开发加大了投入力度。

4. 工业机器人在我国的发展

我国工业机器人起步于20世纪70年代初，其发展过程大致可分为三个阶段：70年代的萌芽期；80年代的开发期；90年代的实用化期。而今经过几十年的发展已经初具规模。

20世纪70年代开始，工业机器人的应用在世界上掀起一个高潮，尤其在日本发展更为迅猛，它补充了日益短缺的劳动力。在这种背景下，我国于1972年开始研制自己的工业机器人。

进入20世纪80年代后，在高技术浪潮的冲击下，随着改革开放的不断深入，我国机器人技术的开发与研究得到了国家的重视与支持。"七五"期间，国家投入资金，对工业机器人及其零部件进行攻关，完成了示教再现式工业机器人成套技术的开发，研制出了早期的喷涂、点焊、弧焊和搬运机器人。1986年国家高技术研究发展计划（863计划）开始实施，智能机器人主题跟踪世界机器人技术的前沿，经过几年的研究，取得了一大批科研成果，成功地研制出一批特种机器人。

从20世纪90年代初期起，我国的工业机器人又在实践中迈进一大步，先后研制出了点焊、弧焊、装配、喷漆、切割、搬运、包装码垛等各种用途的工业机器人，并实施了一批机器人应用工程，形成了一批机器人产业化基地，为我国机器人产业的腾飞奠定了基础。

目前，我国已生产出部分机器人关键元器件，开发出弧焊、点焊、码垛、装配、搬运、注塑、冲压、喷漆等工业机器人。一批国产工业机器人服务于国内诸多企业的生产线上；一批机器人技术的研究人才也涌现出来。相关科研机构和企业已掌握了工业机器人操作机的优化设计制造技术、工业机器人控制和驱动系统的硬件设计技术、机器人软件的开发和编程技术、运动学和轨迹规划技术、弧焊和点焊及大型机器人自动生产线与周边配套设备的开发和制备技术等。某些关键技术已达到或接近世界水平。

近年来，我国在人工智能方面的研发也有所突破，中国科学院和多所著名高校都培育出专门从事人工智能研究的团队，机器学习、仿生识别、数据挖掘以及模式、语言和图像识别技术比较成熟，推动了工业机器人技术的发展。

我国工业机器人近几年销量持续快速增长，但工业机器人的使用密度仍明显低于全球平均水平。2016 年，我国工业机器人使用密度（每万名工人使用工业机器人数量）仅为 68台，全球的平均使用密度为 74 台，韩国、新加坡、德国的密度高达 631 台、488 台、309台。与发达国家相比，我国工业机器人行业未来仍有很大的发展空间。根据数据预测，2020年我国工业机器人销量将达到 21 万台，按照机器人均价 15 万元计算，市场规模将超过 300亿元。

1.3.2　世界著名工业机器人生产企业

工业机器人的飞速发展离不开世界各地的著名机器人生产企业的共同努力。下面介绍国内外主要的工业机器人生产企业。

1. 瑞士 ABB 集团

瑞士 ABB 集团是世界上最大的机器人制造公司。1974 年，ABB 集团研发了全球第一台全电控式工业机器人 IRB6，主要应用于工件的取放和物料的搬运。1975 年，生产出第一台焊接机器人。到 1980 年兼并 Trallfa 喷漆机器人公司后，机器人产品趋于完备。至 2002 年，ABB 集团工业机器人的销售已经突破 10 万台，是世界上第一个突破 10 万台的厂家。瑞士ABB 集团在 "2018 年《财富》世界 500 强" 中排行第 341 位。在 2019 年 ABB 集团位列《财富》世界 500 强的第 328 位。ABB 集团制造的工业机器人广泛应用在焊接、装配、铸造、密封涂胶、材料处理、包装、喷漆、水切割等领域。

2. 日本 FANUC 公司

FANUC（发那科）公司的前身致力于数控设备和伺服系统的研制和生产。1972 年，从日本富士通公司的计算机控制部门独立出来，成立了 FANUC 公司。FANUC 公司主要包括两大业务，一是工业机器人，二是工厂自动化。2004 年，FANUC 公司的营业总收入为 2648 亿日元，其中工业机器人销售收入为 1367 亿日元，占总收入的 51.6%。该公司 2015 年机器人累计售出 40 万台，2017 年累计售出 50 万台。2019 年，上海发那科机器人有限公司开始建设日本之外全球最大的机器人生产基地，预计实现年产值达 100 亿元。

该公司新开发的工业机器人产品有 R-2000iA 系列多功能智能机器人。具有独特的视觉和压力传感器功能，可以将随意堆放的工件捡起，并完成装配。Y4400LDiA 高功率 LD YAG激光机器人拥有 4.4kW LD YAG 激光振荡器，有效地提高了效率和可靠性。

3. 日本安川电机公司

自 1977 年安川电机公司（Yaskawa Electric Co.）研制出第一台全电动工业机器人之后，目前旗下拥有在世界各地众多的子公司。它是将工业机器人应用到半导体生产领域的最早的厂商之一。其核心的工业机器人产品包括：点焊和弧焊机器人、油漆和处理机器人、LCD玻璃板传输机器人和半导体晶片传输机器人等。该公司 2018 年 3 月期的销售额为 4883 亿日元，约为 329 亿元人民币。在中国多地建有公司和事务所。

4. 德国 KUKA Roboter Gmbh 公司

KUKA Roboter Gmbh 公司（库卡机器人公司）位于德国奥格斯堡，是世界顶级工业机器人制造商之一，1973 年研制开发了 KUKA 的第一台工业机器人。该公司生产的工业机器人广泛应用在仪器、汽车、航天、食品、制药、医学、铸造、塑料等领域。主要用于材料处理、机床装料、装配、包装、堆垛、焊接、表面修整等方面。2017 年 1 月美的集团完成了对库卡机器人公司的收购。

5. 爱普生（Epson）机器人公司

爱普生机器人公司隶属于世界上最大的计算机打印机和图像相关的设备制造商之一日本爱普生科技公司，是其旗下专门的机器人设计和制造部门。1981 年爱普生工业机器人诞生，至今已在世界各地安装数万台机器人。最初开发的机器人用于本公司的手表制造工厂，如今该公司已经研发出了高精度、高速、紧凑型的工业制造机器人。目前，爱普生 SCARA 工业机器人在性能和可靠性方面在业界首屈一指。其中 G 系列 SCARA 机器人提供 200 多个型号，包括台面安装型、复合安装型、洁净型/ESD 等型号，手臂长度范围从 175mm 到 1000mm 不等。

6. 川崎重工业公司

川崎重工业公司是日本一家国际大公司，生产领域涉及摩托车、轮船、拖拉机、发动机、航空航天设备、工业机器人等许多其他制造行业。2018 年 6 月川崎重工的机器人事业迎来了 50 周年纪念日，并已在全球范围内安装数十万台机器人。川崎机器人多用于组装、处理、焊接、喷漆、密封等工业过程。

7. 意大利 COMAU 公司

COMAU 公司自 1978 年开始研制和生产工业机器人。其产品获得 ISO9001、ISO14000 以及福特公司的 Q1 认证。其机器人产品包括 Smart 系列多功能机器人和 MAST 系列龙门焊接机器人，广泛用于汽车制造、铸造、家具、食品、化工、航天、印刷等行业。该公司目前的 Smart NJ4 系列机器人全面覆盖第四代智能机器人产品的基本特征。

8. 史陶比尔集团

史陶比尔集团是一家瑞士机电公司，专注于生产纺织机械、连接器和机器人产品。它的机器人事业部成立于 1982 年，致力于为工业自动化领域生产机械手臂、四轴机器人、六轴机器人和其他类型的机器人。史陶比尔机器人用于塑料、电子、光电、生命科学等诸多领域。目前产品系列包括四轴 SCARA 机器人、负载大于 250kg 的高负荷机器人等。

9. 株式会社不二越（NACHI）那智机器人

NACHI（那智）是日本一家以生产工业机器人、机械加工工具、系统和机器部件而闻名的公司。该公司于 1969 年开始制造机器人，并在全球安装了超过 10 万台机器人。那智机器人专注用于点焊、弧焊及其他工业制造流程。

10. 爱德普机器人公司

爱德普机器人公司，总部设在美国加利福尼亚，是一家提供智能引导机器人系统和服务的供应商。公司成立于 1983 年，是美国最大的工业机器人制造商之一。公司研发的爱德普机器人用于高效、精密的制造业，包装业和工厂自动化行业。

11. 安川首钢机器人有限公司

安川首钢机器人有限公司，其前身为首钢莫托曼机器人有限公司。由首钢总公司和日本株式会社安川电机共同投资，是专业从事工业机器人及其自动化生产线设计、制造、安装、调试及销售的中日合资公司。自 1996 年 8 月成立以来，始终致力于中国机器人应用技术产业的发展，其产品遍布汽车、摩托车、家电、IT、轻工、烟草、陶瓷、冶金、工程机械、矿山机械、物流、机车、液晶、环保等行业。在提高制造业自动化水平和生产效率方面，发挥着重要作用。

12. 新松机器人自动化股份有限公司

新松机器人自动化股份有限公司总部位于沈阳，是由中国科学院沈阳自动化研究所为主发起人投资组建的高技术公司。是"机器人国家工程研究中心""国家八六三计划智能机器人主题产业化基地""国家高技术研究发展计划成果产业化基地""国家高技术研究发展计划成果产业化基地"。该公司在国内是率先通过 ISO9001 国际质量保证体系认证的机器人企业，并在《福布斯》2005 年最新发布的"中国潜力 100 榜"上名列第 48 位。2016 年该公司工业机器人和服务机器人获首批中国机器人产品认证证书。2018 中国品牌价值榜发布，新松品牌以 60.38 亿估值创新高，位列机器人行业首位。

其产品包括：rh6 弧焊机器人、rd120 点焊机器人及水切割、激光加工、排险、浇注等多种机器人。图 1-2 所示为新松全新的六轴柔性机器人采用轻量化设计，设计紧凑、坚固耐用，重复定位精度高达 ±0.03mm，非常适合完成精密的装配任务，在工作空间有限的生产线均可正常运行。

1.3.3　工业机器人技术发展趋势

工业机器人在许多生产领域的使用实践证明，它在提高生产自动化水平，提高劳动生产率和产品质量以及经济效益，改善工人劳动条件等方面有着令人瞩目的作用，引起了世界各国和社会各界人士的广泛关注。

图 1-2　新松六轴柔性机器人

1. 国外发展趋势

日本将机器人列为战略产业，韩国将机器人作为"增长发动机产业"，各发达国家政府通过制定政策，采取一系列措施鼓励企业应用机器人，设立科研基金鼓励机器人的研发设计，从政策、资金上给予大力支持，工业机器人的应用和研究走在世界前列。世界工业机器人市场普遍看好，各国都在期待机器人的应用研究在技术上获得突破。从近几年世界机器人推出的产品来看，工业机器人技术正在向智能化、模块化和系统化的方向发展，其发展趋势主要为：结构的模块化和可重构化，控制技术的开放化、PC 化和网络化，伺服驱动技术的数字化和分散化，多传感器融合技术的实用化，工作环境设计的优化和作业的柔性化，系统的网络化和智能化等方面。

国外机器人领域发展近几年有以下几个趋势：

1）工业机器人性能不断提高，单机价格不断下降。

2）机械结构向模块化、可重构化发展。例如关节模块中的伺服电动机、减速机、检测系统三位一体化；由关节模块、连杆模块重组方式构造机器人整机；国外已有模块化装配机器人产品。

3）工业机器人控制系统向基于 PC 的开放型控制器方向发展，便于标准化、网络化器件集成度提高，控制柜日渐小巧，且采用模块化结构，大大提高了系统的可靠性、易操作性和可维修性。

4）机器人中的传感器作用日益重要。装配、焊接机器人采用了位置、速度、加速度视觉、力觉等传感器；而遥控机器人则采用视觉、声觉、力觉、触觉等多传感器的融合技术来进行环境建模及决策控制。多传感器融合配置技术在产品化系统中已有成熟应用。

5）虚拟现实技术在机器人中的作用已从仿真、预演发展到用于过程控制，如使遥控机器人操作者产生置身于远端作业环境中的感觉来操纵机器人。

6）当代遥控机器人系统的发展特点不是追求全自治系统，而是致力于操作者与机器人的人机交互控制，即加遥控局部自主系统构成完整的监控遥控操作系统，使智能机器人走出实验室进入实用化阶段。

7）机器人化机械开始兴起。从1994年美国开发出虚拟轴机床以来，这种新型装置已成为国际研究的热点之一，纷纷探索开拓其实际应用领域。

2. 国内发展趋势

我国工业机器人研究在"七五""八五""九五""十五"期间取得了较大进展，在关键技术上有所突破，应用遍及各行各业，但还缺乏整体核心技术的突破，进口机器人占了绝大多数。中国科学院机器人"十二五"规划研究目标为：开展高速、高精、智能化工业机器人技术的研究工作，建立并完善新型工业机器人智能化体系结构；研究高速、高精度工业机器人控制方法并研制高性能工业机器人控制器，实现高速、高精度的作业；针对焊接、喷涂等作业任务，研究工业机器人的智能化作业技术，研制自动焊接工业机器人、自动喷涂工业机器人样机，并在汽车制造行业、焊接行业开展应用示范。

国家下一步的发展思路，将发展以工业机器人为代表的智能制造，以高端装备制造业和重大产业长期发展工程为平台和载体，系统推进智能技术、智能装备和数字制造的协调发展，实现我国高端装备制造的重大跨越。具体分两步进行：第一步，2012—2020年，基本普及数控化，在若干领域实现智能制造装备产业化，为我国制造模式转变奠定基础；第二步，2021—2030年，全面实现数字化，在主要领域全面推行智能制造模式，基本形成高端制造业的国际竞争优势。

工业机器人市场竞争越来越激烈，我国制造业面临着与国际接轨、参与国际分工的巨大挑战，加快工业机器人的研究开发与生产是使我国从制造业大国走向制造业强国的重要手段和途径。未来几年，国内机器人研究人员将重点研究工业机器人智能化体系结构、高速高精度控制、智能化作业，形成新一代智能化工业机器人的核心关键技术体系，并在相关行业开展应用示范和推广。

同时，工业机器人智能化体系结构标准为研究开放式、模块化的工业机器人系统结构和工业机器人系统的软硬件设计方法提供了依据。形成切实可行的系统设计行业标准、国家标准和国际标准有利于系统的集成、应用与改造。

工业机器人的研究工作需要关注以下技术的发展。

（1）工业机器人新型控制器技术。研制具有自主知识产权的先进工业机器人控制器。研究具有高实时性的、多处理器并行工作的控制器硬件系统；针对应用需求，设计基于高性能、低成本总线技术的控制和驱动模式。深入研究先进控制方法和策略在工业机器人中的工程实现，提高系统高速、重载，高追踪精度等动态性能，提高系统开放性。通过人机交互方式建立模拟仿真环境，研究开发工业机器人自动离线编程技术，增强人机交互和二次开发能力。

（2）工业机器人智能化作业技术　实现以传感器融合、虚拟现实与人机交互为代表的智能化技术在工业机器人上的可靠应用，提升工业机器人操作能力。除采用传统的位置、速度、加速度等传感器外，装配、焊接机器人还应用了视觉、力觉等传感器来进行实现协调和决策控制，基于视觉的喷涂机器人姿态反馈控制；研究虚拟现实技术与人机交互环境建模系统。

（3）成线成套装备技术 针对汽车制造业、焊接行业等具体行业工艺需求，结合新型控制器技术和智能化作业技术，研究与行业密切相关的工业机器人应用技术，以工业机器人为核心的生产线上的相关成套装备设计技术，开发主要功能部件并加以集成，形成我国以智能化工业机器人为核心的成线成套自动化制造装备。

（4）系统可靠性技术 可靠性技术是与设计、制造、测试和应用密切相关的。建立工业机器人系统的可靠性保障体系是确保工业机器人实现产业化的关键。在产品的设计环节、制造环节和测试环节，研究系统可靠性保障技术，从而为工业机器人广泛应用提供保证。

综合国内外工业机器人研究和应用现状，工业机器人的研究正在朝智能化、模块化、系统化、微型化、多功能化及高性能、自诊断、自修复方向发展，以适应多样化、个性化的需求，向更大、更宽广的应用领域发展。

1.4 工业机器人的基本组成和技术指标

1.4.1 工业机器人的基本组成

现代工业机器人由三大部分六个子系统组成。三大部分分别是机械部分、控制部分和传感部分。六个子系统分别是驱动系统、机械结构系统、人机交互系统、控制系统、感受（传感）系统、机器人与环境交互系统。三大部分和六个子系统是一个统一的整体。

1. 机械部分

机械部分是机器人的血肉组成部分，也称为机器人的本体，主要分为两个子系统：驱动系统、机械结构系统。

（1）驱动系统 要使机器人运行起来，就需要在各个关节安装传动装置，用以使执行机构产生相应的动作，这就是驱动系统。它的作用是提供机器人各部分、各关节动作的原动力。驱动系统的传动部分可以是液压传动系统、电动传动系统、气动传动系统，或者是几种系统结合起来的综合传动系统。

（2）机械结构系统 工业机器人的机械结构主要由三大部分构成：基座、手臂和手部（也叫末端操作器）。每部分具有若干的自由度，构成一个多自由度的机械系统。末端操作器是直接安装在手腕上的一个重要部件，它可以是多手指的手爪，也可以是喷漆枪或者焊具等作业工具。

2. 控制部分

控制部分相当于机器人的大脑，可以直接或者通过人工对机器人的动作进行控制。控制部分也可以分为两个子系统：人机交互系统和控制系统。

（1）人机交互系统 人机交互系统是使操作人员参与机器人控制并与机器人进行联系的装置，例如计算机的标准终端、指令控制台、信息显示板、危险信号警报器、示教盒等。简单来说该系统可以分为两大部分：指令给定系统和信息显示装置。

（2）控制系统 控制系统主要是根据机器人的作业指令程序以及从传感器反馈回来的

信号支配执行机构去完成规定的运动和功能。根据控制原理，控制系统可以分为程序控制系统、适应性控制系统和人工智能控制系统三种。根据运动形式，控制系统可以分为点位控制系统和轨迹控制系统两大类。

3. 传感部分

传感部分相当于人类的五官，机器人可以通过传感部分来感觉机器人自身和外部环境状况，帮助机器人工作更加精确。这部分主要分为两个子系统：感受（传感）系统和机器人与环境交互系统。

（1）感受（传感）系统　感受系统由内部传感器模块和外部传感器模块组成，用于获取机器人内部和外部环境状态中有意义的信息。智能传感器可以提高机器人的机动性、适应性和智能化的水准。对于一些特殊的信息，传感器的灵敏度甚至可以超越人类的感觉系统。

（2）机器人与环境交互系统　机器人与环境交互系统是实现工业机器人与外部环境中的设备相互联系和协调的系统。工业机器人与外部设备集成为一个功能单元，如加工制造单元、焊接单元、装配单元等。也可以是多台机器人、多台机床设备或者多个零件存储装置集成为一个能执行复杂任务的功能单元。

通过以上三大部分六个子系统的协调作业，使工业机器人成为一台高精密度的机械设备，具备工作精度高、稳定性强、工作速度快等特点，为企业提高生产效率和产品质量奠定了基础。

1.4.2　工业机器人的技术指标

工业机器人的技术指标是机器人生产厂商在产品供货时所提供的技术数据，反映了机器人的适用范围和工作性能，是选择机器人时必须考虑的问题。尽管机器人厂商提供的技术指标不完全相同，工业机器人的结构、用途和用户的需求也不相同，但其主要的技术指标一般为：自由度、工作精度、工作范围、额定负载、最大工作速度等。

（1）自由度　自由度是衡量机器人动作灵活性的重要指标。自由度是整个机器人运动链所能够产生的独立运动数，包括直线运动、回转运动、摆动运动，但不包括执行器本身的运动（如刀具旋转等）。机器人的每一个自由度原则上都需要有一个伺服轴驱动其运动，因此在产品样本和说明书中，通常以控制轴数来表示。

机器人的自由度与作业要求有关　自由度越多，执行器的动作就越灵活，机器人的通用性也就越好，但其机械结构和控制也就越复杂。因此，对于作业要求基本不变的批量作业机器人来说，运行速度、可靠性是其最重要的技术指标，自由度则可在满足作业要求的前提下适当减少；而对于多品种、小批量作业的机器人来说，通用性、灵活性指标显得更加重要，这样的机器人就需要有较多的自由度。

若要求执行器能够在三维空间内进行自由运动，则机器人必须能完成在 X、Y、Z 三个方向的直线运动和围绕 X、Y、Z 轴的回转运动，即需要有 6 个自由度。换句话说，如果机器人能具备上述 6 个自由度，执行器就可以在三维空间任意改变姿态，实现对执行器位置的完全控制。目前，焊接和涂装作业机器人大多为 6 或 7 个自由度，搬运、码垛和装配机器人多为 4~6 个自由度。

（2）工作精度　机器人的工作精度主要指定位精度和重复定位精度。定位精度指机器人末端参考点实际到达的位置与所需要到达的理想位置之间的差距。重复定位精度指机器人重复到达某一目标位置的差异程度。重复定位精度也指在相同的位置指令下，机器人连续重复若干次其位置的分散情况。它是衡量一系列误差值的密集程度，即重复度。

（3）工作范围　工作范围又称为工作空间、工作行程，它是衡量机器人作业能力的重要指标。工作范围越大，机器人的作业区域也就越大。机器人样本和说明书中所提供的工作范围是指机器人在未安装末端执行器时，其参考点（手腕基准点）所能到达的空间工作范围的大小。它决定于机器人各个关节的运动极限范围，它与机器人的结构有关。工作范围应除去机器人在运动过程中可能产生自身碰撞的干涉区域。此外，机器人在实际使用时，还需要考虑安装了末端执行器之后可能产生的范围。因此，在机器人实际工作时设置的安全范围应该要比机器人说明书中给定的工作范围数据还要大。

需要指出的是，机器人在工作范围内还可能存在奇异点。奇异点是由于机器人结构的约束，导致关节失去某些特定方向的自由度的点。奇异点通常存在于作业空间的边缘，如奇异点连成一片，则称为“空穴”。机器人运动到奇异点附近时，由于自由度的逐步丧失，关节的姿态会急剧变化，这将导致驱动系统承受很大的负载而产生过载。因此，对于存在奇异点的机器人来说，其工作范围还需要除去奇异点和空穴。

由于多关节机器人的工作范围是三维空间的不规则球体，部分产品也不标出坐标轴的正负行程。为此，产品样本中一般提供如图 1-3 所示的详细作业空间图。

（4）额定负载　额定负载是指机器人在作业空间内所能承受的最大负载。其含义与机器人类别有关，一般以质量、力、转矩等技术参数表示。例如，搬运、装配、包装类机器人指的是机器人能够抓取的物品质量；切削加工类机器人是指机器人加工时所能够承受的切削力；焊接、切割加工的机器人则指机器人所能安装的末端执行器质量等。

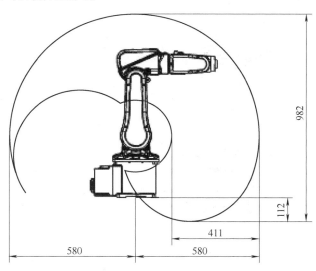

图 1-3　垂直串联多关节机器人作业空间图

机器人的实际承载能力与机械传动系统结构、驱动电动机功率、运动速度和加速度、末端执行器的结构与形状等诸多因素有关。对于搬运、装配、包装类机器人，产品样本和说明书中所提供的承载能力，一般是指不考虑末端执行器的结构和形状，假设负载重心位于参考点（手腕基准点）时，机器人高速运动可抓取的物品质量。当负载重心位于其他位置时，则需要以允许转矩（Allowable Moment）或图表形式，来表示重心在不同位置时的承载能力。

（5）最大工作速度　最大工作速度指在各轴联动情况下，机器人手腕中心所能达到的最大线速度。最大工作速度越高，生产效率就越高；工作速度越高，对机器人最大加速度的要求越高。

1.5 工业机器人的分类和应用

1.5.1 工业机器人的分类

关于工业机器人的分类在国际上还没有统一的标准。工业机器人的分类方法和标准很多，下面主要介绍按机械结构、机器人的机构特性、程序输入方式三种分类方法分类。

1. 按机械结构分类

按机械结构分类，分为串联机器人和并联机器人。

（1）串联机器人　串联机器人是一种开式运动链机器人，它是由一系列连杆通过转动关节或移动关节串联形成的。利用驱动器来驱动各个关节的运动从而带动连杆的相对运动，使机器人末端达到合适的位姿。串联机器人如图1-4所示。

（2）并联机器人　并联机器人采用了一种闭环机构，一般由上下运动平台和两条或者两条以上运动支链构成。运动平台和运动支链之间构成一个或多个闭环机构，通过改变各个支链的运动状态，使整个机构具有多个可以操作的自由度。并联结构和前述的串联结构有本质的区别，它是工业机器人结构发展史上的一次重大变革。并联机器人如图1-5所示。

图1-4　串联机器人

图1-5　并联机器人

（3）串联机器人和并联机器人的特点　传统的串联结构机器人从基座至末端执行器，需要经过腰部、下臂、上臂、手腕、手部等多级运动部件的串联。因此，当腰部回转时，安装在腰部上的下臂、上臂、手腕、手部等都必须进行相应的空间移动；而当下臂运动时，安装在下臂上的上臂、手腕、手部等也必须进行相应的空间移动。这种后置部件随同前置轴一起运动的方式无疑增加了前置轴运动部件的负载。

另一方面，在机器人作业时，执行器在抓取物体时所受的反作用力也将从手部、手腕依次传递到上臂、下臂、腰部，最后到达基座，即末端执行器的受力状况将逐步串联传递到基座。因此，机器人前端的构件在设计时不但要考虑负担后端构件的重力，而且还要承受作业时的反力。为了保证刚性和精度，每个部件的构件都得有足够大的体积和质量。由此可见，串联结构的机器人必然存在移动部件质量大、系统刚度低等固有缺陷。

并联结构的机器人手腕和基座采用的是3根并联连杆连接，手部受力可由3根连杆均匀分摊，每根连杆只承受拉力或压力，不承受弯矩或转矩。因此，这种结构理论上具有刚度高、质量轻、结构简单、制造方便等特点。

但是，并联结构的机器人所需要的安装空间较大，机器人在笛卡儿坐标系上的定位控制与位置检测等方面均有相当大的技术难度，因此，其定位精度相对较低。

2. 按机器人的机构特性分类

按机器人的机构特性分类，分为直角坐标机器人、柱面坐标机器人、球面坐标机器人和多关节坐标机器人。

（1）直角坐标机器人　直角坐标机器人具有空间相互垂直的多个直线移动轴，通过直角坐标方向的 3 个独立自由度确定其手部的空间位置，其动作空间为一长方体。该种型式的工业机器人定位精度较高，空间轨迹规划与求解相对较容易，计算机控制也相对较简单。它的不足是空间尺寸较大，运动的灵活性相对较差，运动的速度相对较低。直角坐标机器人如图 1-6 所示。

（2）柱面坐标机器人　柱面坐标机器人主要由旋转基座、垂直移动和水平移动轴构成，具有一个回转和两个平移自由度，其动作空间呈圆柱形。该种形式的工业机器人空间尺寸较小，工作范围较大，末端操作器可获得较高的运动速度。它的缺点是末端操作器离 Z 轴越远，其切向线位移的分辨精度就越低。柱面坐标机器人如图 1-7 所示。

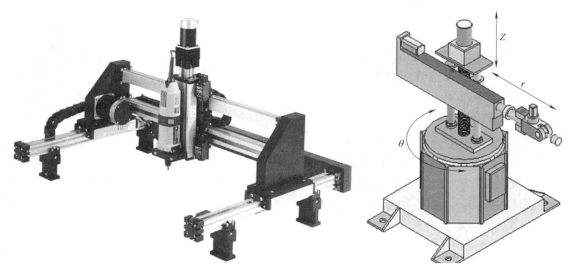

图 1-6　直角坐标机器人　　　　　　　　　图 1-7　柱面坐标机器人

（3）球面坐标机器人　球面坐标机器人空间位置分别由旋转、摆动和平移 3 个自由度确定，动作空间形成球面的一部分。该种型式的工业机器人空间尺寸较小，工作范围较大。球面坐标机器人如图 1-8 所示。

（4）多关节坐标机器人　多关节坐标机器人空间尺寸相对较小，工作范围相对较大，还可以绕过基座周围的障碍物，是目前应用较多的一种机型。这类机器人又可分为两种：垂直多关节机器人和水平多关节机器人。

垂直多关节机器人模拟人的手臂功能，由垂直于地面的腰部旋转轴，带动小臂旋转的肘部旋转轴以及小臂前端的手腕等组成。手腕通常有 2~3 个自由度，其动作空间近似一个球体。垂直多关节机器人如图 1-9 所示。

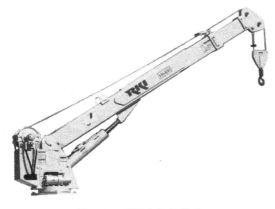

图 1-8　球面坐标机器人　　　　　　图 1-9　垂直多关节机器人

　　水平多关节机器人结构上具有串联配置的两个能够在水平面内旋转的手臂，自由度可依据用途选择 2~4 个，动作空间为一圆柱体。水平多关节机器人如图 1-10 所示。

3. 按程序输入方式分类

　　工业机器人按照程序输入的方式不同可以分为编程输入型和示教输入型机器人。

　　（1）编程输入型机器人　编程输入型机器人是将计算机上已编好的作业程序文件通过串口或者以太网等通信方式传送到机器人控制柜。

　　（2）示教输入型机器人　示教输入型机器人的示教方法有两种，一种是由操作者用手动控制器（示教操纵盒）将指

图 1-10　水平多关节机器人

令信号传给驱动系统，使执行机构按要求的动作顺序和运动轨迹操演一遍。另一种是由操作者直接领动执行机构，按要求的动作顺序和运动轨迹操演一遍。在示教过程的同时，工作程序的信息将自动存入程序存储器中。当示教过程结束后，机器人在自动工作时，控制系统从程序存储器中提取保存的程序，将指令信号传给驱动机构，使执行机构再现示教的各种动作。

1.5.2　工业机器人的应用

　　工厂或企业在准备采用工业机器人时应考虑哪些因素？工业机器人在哪些领域具有优势？下面从两个方面进行介绍。

1. 应用工业机器人必须考虑的因素

　　在准备使用工业机器人时应当考虑的因素包括任务估计、技术要求与依据、经济以及人的因素等。只有这样才能论证使用机器人的合理性，选择适当的作业，选用合适的机器人。同时还要考虑今后的发展等。下面逐一讨论这些问题。

　　（1）机器人的任务估计　如果缺乏对机器人的深入了解，就很难选择好机器人的作业任务。很多时候会出现人们在挑选出自认为是很好的机器人后，很快就发现，挑选出来的机

器人不能实现所需要的循环速度或连接方式的情况。同样，由于缺少有关机器人适用技术和工作能力的全面知识，也可能无法正确使用机器人。

要加深对机器人应用情况的了解，最好的方法是到工作现场观察机器人的工作。另外，通过参观机器人展览会和机器人制造厂家的设备，也能加深对有限作业任务的了解。

（2）应用机器人三要素　技术依据、经济因素和人的因素是应用工业机器人时需要考虑的三个方面。

1）技术依据。技术依据包括性能要求、布局要求、产品特性、设备更换和过程变更。

2）经济因素。在经济方面所考虑的因素包括劳动力、材料、生产率、能源、设备和成本等。

3）人的因素。在考虑人的因素时，涉及机器人的操作人员、管理人员、维护人员、经理和工程师等。

（3）使用机器人的经验准则　美国通用电气公司（GE）过程自动化和控制系统经理弗农 E. 埃斯蒂斯（Vernon E. Estes）于 1979 年提出 8 条使用机器人的经验准则，人们后来称之为弗农（Vernon）准则。这些准则是 GE 公司使用机器人实际经验的总结。弗农经验准则如下：

1）应当从恶劣工种开始执行机器人计划。

2）考虑在生产率落后的部门应用机器人。

3）要估计长远需要。

4）使用费用不与机器人成本成正比。

5）力求简单实效。

6）确保人员和设备安全。

7）不要期望卖主提供全套承包服务。

8）不要忘记机器人需要人。

（4）采用机器人的步骤　下面介绍将机器人应用于生产系统的具体步骤。

1）全面考虑并明确自动化要求，包括提高劳动生产率、增加产量、减轻劳动强度、改善劳动条件、保障经济效益和社会就业等问题。

2）制订机器人化计划。在全面和可靠的调查研究基础上，制订长期的机器人化计划，包括确定自动化目标、培训技术人员、编绘作业类别一览表、编制机器人化顺序表和大致工程表等。

3）探讨采用机器人的条件。根据预先准备好的调查研究项目表，进行深入细致的调查，并进行详细的测定和图表资料收集工作。

4）对辅助作业和机器人性能进行标准化。按照现有的和新研制的机器人规格进行标准化工作。此外，还要判断各类机器人具有的适用于特定用途的性能，进行机器人性能及其表示方法的标准化工作。

5）设计机器人化作业系统方案。设计比较理想的、可行的或折中的机器人化作业系统方案，选定最符合使用目的的机器人及其配套组成机器人化柔性综合作业系统。

6）选择适宜的机器人系统评价标准。建立和选用适宜的机器人系统评价标准与方法，既要考虑能够适应产品变化和生产计划变更的灵活性，又要兼顾目前和长远的经济效益。

2. 工业机器人的应用领域

随着技术的进步，工业机器人的应用领域也在快速扩张。广泛应用于汽车、3C 电子产品、食品加工等领域。

（1）汽车行业　在我国有 50% 的工业机器人应用于汽车制造业，其中 50% 以上为焊接机器人，在发达国家汽车工业机器人占机器人总量的 53% 以上。据统计，世界各大汽车制造厂年产每万辆汽车所拥有的机器人数量为 10 台以上。随着机器人技术的不断发展和日益完善，工业机器人必将对汽车制造业的发展起到极大促进作用，如图 1-11 所示。而我国正由制造大国向制造强国发展，需要提升加工手段，提高产品质量，增加企业竞争力，这一切都预示机器人的发展前景巨大。

图 1-11　工业机器人应用于汽车制造业

（2）3C 电子行业　工业机器人在电子类的 IC、贴片元器件生产领域的应用较普遍。而在手机生产领域，工业机器人适用于包括分拣装箱、撕膜系统、激光塑料焊接等工作。高速四轴码垛机器人等适用于触摸屏检测、擦洗、贴膜等一系列流程的自动化系统。

据有关数据表明，产品通过机器人抛光的成品率可从 87% 提高到 93%，因此无论"机器手臂"还是更高端的机器人，在投入使用后都会使生产效率大幅提高。图 1-12 所示为工业机器人在 3C 电子行业的应用。

图 1-12　工业机器人应用于 3C 电子行业

（3）食品加工　机器人的应用范围越来越广泛，在很多的传统工业领域人们也在努力让机器人代替人类工作，在食品工业中也是如此。目前已经开发出的食品工业机器人有包装罐头机器人、自动包饺子机器人等。图 1-13 所示为饮料自动装瓶机器人。

图 1-13　工业机器人在饮料加工系统中的应用

（4）橡胶及塑料工业　橡胶和塑料的生产、加工与机械制造紧密相关，且专业化程度高。橡胶和塑料制品被广泛应用于汽车、电子工业，以及消费品和食品工业。其原材料通过注塑机和工具被加工成用于精加工的半成品或成品。通过采用自动化解决方案，能够使生产工艺更高效、更经济和可靠。因为机器人能完成一系列操作、拾放和精加工作业，在很大程度上解决了这一问题。图 1-14 所示为工业机器人在橡胶和塑料工业的应用。

图 1-14　工业机器人在橡胶及塑料工业的应用

（5）焊接行业　工业机器人在机器人产业中应用最为广泛，而在工业机器人中应用最为广泛的当属焊接机器人，它占据了工业机器人 45% 以上的份额。焊接机器人较人工焊接具有明显的优势，在汽车制造业中广泛应用，图 1-15 所示为工业机器人在焊接行业的应用。

与人工焊接相比，机器人焊接具有明显优势。人工施焊时焊接工人经常会受到心理、生理条件变化以及周围环境的干扰。在恶劣的焊接条件下，操作工人容易疲劳，难以较长时间保持焊接工作的稳定性和一致性。而焊接机器人则工作状态稳定，不会疲劳。机器人一天可以 24 小时连续工作。另外，随着高速高效焊接技术的应用，使用机器人焊接，效率提高得

图 1-15　工业机器人在焊接行业的应用

更加明显。

　　而且采用机器人焊接后，工人可以远离焊接产生的弧光、烟雾和飞溅等，使工人从高强度和不安全的体力劳动中解脱出来。

　　（6）铸造行业　铸造工人经常是在高污染、高温和外部环境恶劣的极端工作环境下进行作业。为此，制造出强劲的专门适用于极重载荷的铸造机器人就显得极为迫切。图 1-16 所示为铸造机器人的典型应用场景。

　　（7）玻璃行业　无论是生产空心玻璃、平面玻璃、管状玻璃，还是玻璃纤维，特别是对于洁净度要求非常高的特殊用途玻璃，工业机器人是最好的选择，如图 1-17 所示。

图 1-16　工业机器人在铸造行业的应用

图 1-17　工业机器人在玻璃行业的应用

　　（8）喷涂行业　与人工喷涂相比，采用喷涂机器人唯一的劣势就是首次购买成本高，但这一劣势与喷涂机器人的优势相比就不是问题了。从长远来看使用喷涂机器人更经济。喷涂机器人既可以替代越来越昂贵的人工劳动力，同时能提升工作效率和产品品质。使用喷涂机器人可以降低废品率，同时提高了机器的利用率，降低了工人误操作带来的残次零件风险等。图 1-18 所示为喷涂机器人在工作。

　　与人工喷涂相比，使用喷涂机器人具有下列优势：

　　1）喷涂机器人的喷涂品质更高。喷涂机器人精确地按照轨迹进行喷涂，无偏移并完美地控制喷枪的启动。能够确保指定的喷涂厚度，偏差控制在最小。

　　2）使用喷涂机器人能够节约喷漆和喷剂，还可以有效降低喷房泥灰含量，显著加长过滤器的工作时间，减少喷房结垢。

3）使用喷涂机器人可以保持更佳的过程控制。喷涂机器人的喷涂控制软件使得用户可以控制几乎所有的喷涂参数，例如静电电荷、雾化面积、风扇宽度和产品压力等。

4）使用喷涂机器人喷涂具有更高的灵活性。使用喷涂机器人可以喷涂具有复杂几何结构或不同大小和颜色的产品。另外，简单的编程系统允许自动操作小批量的工件生产。在初次投产以后，机器人喷涂生产线可以在任何时候进行更新。

图 1-18　工业机器人在喷漆行业的应用

5）使用喷涂机器人进行喷涂的显著优势就是增加产量和提高效率。使用喷涂机器人进行喷涂时的零件次品率降低，手工补漆明显减少，同时超喷减少而无须研磨和抛光等后续加工，也无须停止生产线就可以完成喷涂参数的修改。而且机器人具有高可靠性、平均无故障时间长、可每天连续工作等优势。

本 章 小 结

本章讲述了机器人的基本概念。机器人系统是由机器人和作业对象及环境共同构成的，它由四部分组成，包括机械系统、驱动系统、控制系统和感知系统。

工业机器人是集机械、电子、控制、计算机、传感器、人工智能等多学科先进技术于一体的现代制造业中重要的自动化装备，其基本特点主要有可编程、拟人化、通用性。工业机器人的发展可概括为三个阶段。

现代工业机器人由三大部分六个子系统组成。三大部分分别是机械部分、控制部分和传感部分。六个子系统分别是驱动系统、机械结构系统、人机交互系统、控制系统、感受（传感）系统、机器人与环境交互系统。三大部分和六个子系统是一个统一的整体。

工业机器人的结构、用途和用户的需求也不相同，但其主要的技术指标一般为：自由度、工作精度、工作范围、额定负载和最大工作速度等。

本章最后讲述了工业机器人的分类，可以按照机械结构、机械特性、程序输入方式进行分类。工业机器人已被广泛应用于汽车行业、3C 电子行业、食品加工、橡胶及塑料工业、焊接行业、铸造行业、玻璃行业和喷涂行业等。

思考与练习题

1. 机器人系统由哪四部分组成？
2. 工业机器人有哪些基本特点？
3. 工业机器人的传感部分有哪些子系统组成？
4. 工业机器人的机械部分有哪些子系统组成？
5. 工业机器人的控制部分有哪些子系统组成？
6. 工业机器人一般有哪些主要技术指标？
7. 工业机器人是如何进行分类的？

第2章
工业机器人的机械结构系统和驱动系统

2.1 工业机器人机械结构系统

工业机器人的形态各异，但其本体都是由若干关节和连杆通过不同的结构设计和机械连接所组成的机械装置。在工业机器人中，水平串联结构的机器人多用于 3C 电子行业的电子元器件安装和搬运作业，而并联结构的机器人多用于电工电子、食品药品等行业的装配和搬运。

这两种结构的机器人大多属于高速、轻载工业机器人，其规格相对较少。而垂直串联是工业机器人最典型的结构，它被广泛用于加工、搬运、装配、包装。垂直串联工业机器人的形式多样、结构复杂，维修、调整相对困难，本章以垂直串联工业机器人为主进行介绍。

常用的串联 6 轴关节型工业机器人的基本结构如图 2-1 所示。这种结构的工业机器人的全部伺服驱动电动机、减速器及其他机械传动部件均安装于内部，机器人外形简洁、防护性能好，机械传动结构简单、传动链短、传动精度高、刚性好。因此被广泛用于中小型加工、搬运、装配、焊接、包装领域，是小规格、轻量级工业机器人的典型结构。它的机械系统由手部、手臂、基座三大部分组成。

2.1.1 手部（末端执行器）

手部是装在机器人手腕末端法兰上直接抓握工件或执行作业的部件，手部也叫末端执行器。工业机器人的手部就像人的手一样，具有能够灵活的运动关节，能够抓取各种各样的物品。

1. 工业机器人手部的特点

（1）手部与手腕相连处可拆卸 根据夹持对象的不同，手部结构会有差异，通常一个机器人配有多个手部装置或工具，因此要求手部与手腕处的接头具有通用性和互换性。

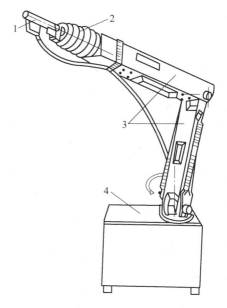

图 2-1 工业机器人的基本结构
1—手部（末端执行器）
2—手腕 3—臂部 4—基座

（2）手部是机器人末端操作器 可以是类似人手的手爪，也可以是进行专业作业的工具，比如装在机器人手腕上的喷枪、焊枪等。

（3）手部的通用性比较差 机器人手部通常是专用的装置，比如，一种手爪往往只能抓握一种或几种在形状、尺寸、质量等方面相似的工件。通常情况下，一种工具只能执行一种作业任务。

（4）手部是一个独立的部件 假如把手腕归属于手臂，那么机器人机械系统的三大部分就是机身、手臂和手部。手部对于整个工业机器人来说是完成作业好坏、作业柔性好坏的关键部件之一。

2. 工业机器人手部的分类

（1）按用途分类 工业机器人手部可分为手爪和专用操作器

手爪：具有一定的通用性，它的主要功能是：抓住工件、握持工件、释放工件。如图2-2所示。

图 2-2 工业机器人手爪

专用操作器：也称为工具，是进行某种作业的专用工具，如机器人涂装用喷枪、机器人焊接用焊枪等。

（2）按夹持方式分类 工业机器人手部可以分为外夹式、内撑式和内外夹持式三类。

（3）按智能化分类 工业机器人手部可以分为普通式手爪和智能化手爪两类。

普通式手爪不具备传感器。智能化手爪具备一种或多种传感器，如力传感器、触觉传感器及滑觉传感器等。手爪与传感器集成在一起成为智能化手爪。

（4）按工作原理分类 工业机器人手部可分为夹持类手部和吸附类手部。

1）夹持类手部，通常又叫机械手爪。夹持类手部除常用的夹钳式外，还有脱钩式和弹簧式。此类手部按其手指夹持工件时的运动方式又可分为手指回转型和指面平移型。夹钳式是工业机器人最常用的一种手部形式，一般夹钳式（图2-3）由手指、传动机构、驱动装置和支架组成，它能通过手爪的开闭动作实现对物体的夹持。

① 手指：它是直接与工件接触的构件。手部松开和夹紧工件，就是通过手指的张开和闭合来实现的。一般情况下，机器人的手部只有两个手指，少数有三个或多个手指。它们的结构形式常取决于被夹持工件的形状和特性（图2-4）。

② 传动机构：向手指传递运动和动力，以实现夹紧和松开动作的机构。传动机构根据

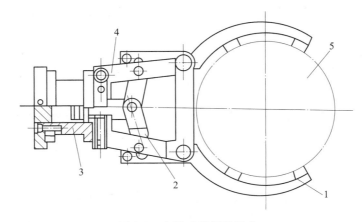

图 2-3　夹钳式手部的组成

1—手指　2—传动机构　3—驱动装置　4—支架　5—工件

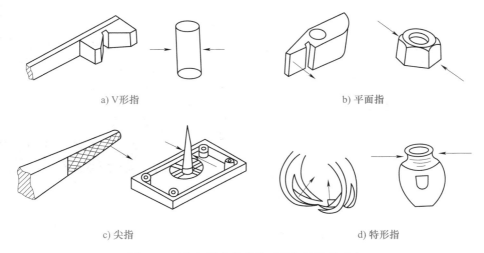

a) V 形指　　　　　　　　　　　　b) 平面指

c) 尖指　　　　　　　　　　　　d) 特形指

图 2-4　手指与被夹物件的形状与特性关系表

手指开合的动作特点可分为回转型和平移型。回转型手部使用较多，其手指就是一对杠杆。回转型又分为一支点回转和多支点回转。根据手爪夹紧是摆动还是平动，又可分为摆动回转型和平动回转型。平移型夹钳式手部是通过手指的指面做直线往复运动或平面移动来实现张开或闭合动作的，常用于夹持具有平行平面的工件（如箱体等）。根据其结构，可分为平面平行移动机构和直线往复移动机构两种类型。

③ 驱动装置：它是向传动机构提供动力的装置，按驱动方式不同有液压、气动、电动和机械驱动之分。

④ 支架：使手部与机器人的腕或臂相连接。

2）吸附类手部。吸附类手部有真空（气吸）类吸盘和磁力类吸盘两种。磁力类吸盘主要有电磁吸盘和永磁吸盘两种。真空类吸盘主要是真空式吸盘，根据形成真空的原理可分为真空吸盘、气流负压吸盘和挤气负压吸盘三种。

气吸式手部是工业机器人常用的一种吸持工件的装置。它由吸盘、吸盘架及进排气系统组成，具有结构简单、质量轻、使用方便可靠且对工件表面没有损伤、吸附力分布均匀等优点。广泛应用于非金属材料（或不可有剩磁材料）的吸附。使用气吸式手部时要求工件上与吸盘接触部位光滑平整、清洁，被吸工件材质致密，没有透气空隙。气吸式手部利用吸盘内的压力和大气压之间的压力差而工作，按形成压力差的方法，可分为真空气吸、气流负压气吸、挤压排气负压气吸。

真空吸附取料手（图 2-5）：真空吸附取料手在取料时，碟形橡胶吸盘与物体表面接触，橡胶吸盘在边缘既起到密封作用，又起到缓冲作用。然后真空抽气，吸盘内腔形成真空，吸取物料。放料时，管路接通大气，失去真空，物体放下。为避免在取、放料时产生撞击，有的还在支承杆上配有弹簧缓冲。

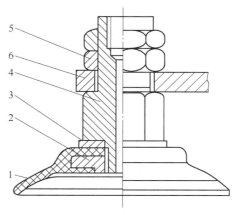

图 2-5　真空吸附取料手
1—橡胶吸盘　2—固定环　3—垫片
4—支撑杆　5—基板　6—螺母

气流负压吸附取料手（图 2-6）：气流负压吸附取料手是利用流体力学的原理，当需要取物时，压缩空气高速流经喷嘴，其出口处的气压低于吸盘腔内的气压，于是腔内的气体被高速气流带走而形成负压，完成取物动作；当需要释放时，切断压缩空气即可。

挤压排气式取料手（图 2-7）：取料时吸盘压紧物体，橡胶吸盘变形，挤出腔内多余的空气，取料手上升，靠橡胶吸盘的恢复力形成负压，将物体吸住；释放时，压下拉杆 3，使吸盘腔与大气相连通而失去负压。

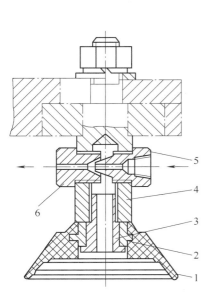

图 2-6　气流负压吸附取料手
1—橡胶吸盘　2—心套　3—通气螺钉
4—支撑杆　5—喷嘴　6—喷嘴套

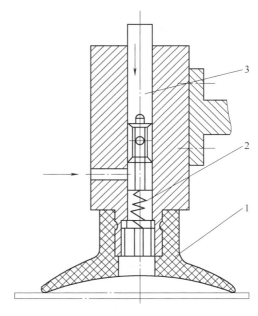

图 2-7　挤压排气式取料手
1—橡胶吸盘　2—弹簧　3—拉杆

磁吸式手部是利用永久磁铁或电磁铁通电后产生的磁力来吸附工件。磁吸式手部与气吸式手部相同，不会破坏被吸收表面质量，电磁吸盘如图 2-8 所示。

磁吸收式手部比气吸收式手部优越的地方是：有较大的单位面积吸力，对工件表面粗糙度及通孔、沟槽等无特殊要求。

图 2-8　电磁吸盘

2.1.2　手臂

手臂是工业机器人的主要执行部件。手臂连接手部和基座，用来改变手腕和末端执行器的空间位置。在工作中直接承受腕、手和工件的静、动载荷，自身运动又较多，故受力复杂。根据手臂的运动和布局、驱动方式、传动和导向装置的不同可分为伸缩型臂部、转动伸缩型臂部、屈伸型臂部结构，以及其他专用的机械传动臂部结构。

手臂主要包括大臂、小臂和腕部。腕部是连接手臂和手部的结构部件，它的主要作用是确定手部的作业方向，如图 2-9 所示。因此它具有独立的自由度，以满足机器人手部完成复杂的姿态调整。小臂是连接大臂和手腕的中间体，小臂可以连同手腕及后端部件在大臂上运动，以改变手部的上下及前后位置。大臂是连接腰部和小臂的中间体，大臂可以连同小臂及后端部件在腰上运动，以改变手部的前后及上下位置。

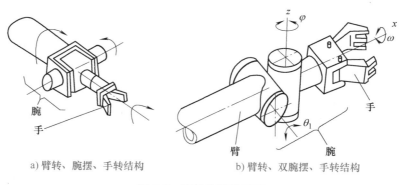

a) 臂转、腕摆、手转结构　　　　　　b) 臂转、双腕摆、手转结构

图 2-9　腕部关节配置图

要确定手部的作业方向，一般需要三个自由度，这三个自由度为：

臂转：指腕部绕小臂轴线方向的旋转，也称为腕部旋转。

腕摆：指手部绕垂直小臂轴线方向进行旋转。腕摆分为俯仰和偏转，其中同时具有俯仰和偏转运动的称为双腕摆。

手转：指手部绕自身的轴线方向旋转。

腕部的结构多为上述三个回转方式的组合，组合的方式可以有多种形式，常用的腕部组合方式有臂转—腕摆—手转结构、臂转—双腕摆—手转结构等。

2.1.3　基座

工业机器人的基座是整个机器人的支持部分，用于机器人的安装和固定，也是工业机器

人的电线电缆、气管油管的输入连接部位。固定式机器人的
基座一般固定在地面上，移动式机器人的基座安装在移动机
构上，常见的工业机器人为固定式。工业机器人的基座如
图 2-10 所示。

图 2-10　工业机器人的基座

2.1.4　关节

工业机器人中连接运动部分的机构称为关节。关节有转动
型和移动型，分别称为转动关节和移动关节。转动关节在机器
人中简称为关节，关节由回转轴、轴承和驱动机构组成。它既
连接各机构，又传递各机构间的回转运动，用于基座与臂部、臂部与手部等连接部位。

移动关节由直线运动机构和在整个运动范围内起直线导向作用的直线导轨部分组成。导
轨部分分为滑动导轨、滚动导轨、静压导轨和磁性悬浮导轨等形式。通常，由于机器人在速
度和精度方面的要求很高，故一般采用结构紧凑、价格合适的滚动导轨。

滚动导轨按滚动体分为球、圆柱滚子和滚针；按轨道分为圆轴式、平面式和滚道式；按
滚动体是否循环分为循环式和非循环式。这些滚动导轨各有特点，装有滚珠的滚动导轨适用
于中小载荷和小摩擦的场合，装有滚柱的滚动导轨适用于重载和高刚性的场合。受轻载滚柱
的特性接近于线性弹簧，呈硬弹簧特性；而滚珠的特性则接近于非线性弹簧，刚性要求高时
应施加一定的预紧力。

工业机器人中轴承起着相当重要的作用，用于转动关节的轴承有多种形式，球轴承是机
器人结构中最常用的轴承。球轴承能承受径向和轴向载荷，摩擦较小，对轴和轴承座的刚度
不敏感。

图 2-11a 所示为普通向心球轴承，图 2-11b 所示为向心推力球轴承。这两种轴承的每个
球和滚道之间只有两点（一点与内滚道，另一点与外滚道）接触。为实现预载，这种轴承
必须成对使用。图 2-11c 所示为四点接触球轴承。该轴承的滚道是尖拱式半圆，球与每个滚
道两点接触，该轴承通过两内滚道之间适当的过盈量实现预紧。因此，四点接触球轴承的优
点是无间隙，能承受双向轴向载荷，尺寸小，承载能力和刚度比同样大小的一般球轴承高
1.5 倍。当然，它的不足之处是价格较高。

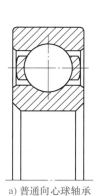 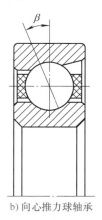 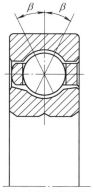

a) 普通向心球轴承　　　　b) 向心推力球轴承　　　　c) 四点接触球轴承

图 2-11　基本耐磨球轴承

2.2 工业机器人的驱动系统

工业机器人驱动装置是带动臂部到达指定位置的动力源。通常动力是直接经电缆、齿轮箱或其他方法送至臂部。工业机器人驱动系统常用的驱动方式主要有液压驱动、气压驱动以及电气驱动三种。

在工业机器人出现的初期，由于其运动大多采用曲柄和导杆等杆件机构，所以大多使用液压驱动和气压驱动方式。但随着对作业高速化要求，以及对各部分动作要求越来越高，目前使用电气驱动的机器人所占比例逐渐增加。

2.2.1 直接驱动和间接驱动

工业机器人的驱动方式主要分为直接驱动和间接驱动。

1. 直接驱动

直接驱动方式是指驱动器的输出轴和机器人手臂的关节轴直接相连的方式。这种方式的驱动器和关节之间的机械系统较少，因而能够减少摩擦等非线性因素的影响，控制性能比较好。然而，为了直接驱动手臂的关节，驱动器的输出转矩必须很大。此外，控制系统还必须考虑动力学上对手臂运动的影响。

直接驱动方式的机器人通常称为 DD 机器人（Direct Drive Robot，DDR）。DD 机器人驱动电动机通过机械接口直接与关节连接，在驱动电动机和关节之间没有速度和转矩的转换。日本、美国等工业发达国家已经开发出性能优异的 DD 机器人。例如，美国 Adept 公司研制出带有视觉功能的四自由度平面关节型 DD 机器人。日本大日机工公司研制成功了五自由度关节型 DD 600V 机器人，其最大工作范围为 1.2m，可搬质量为 5kg，最高运动速度为8.2m/s，重复定位精度为 0.05mm。

2. 间接驱动

间接驱动方式是把驱动器的动力通过减速器、钢丝绳、传送带或平行连杆等装置传递给关节。间接驱动有带减速器的电动机驱动和远距离驱动两种方式。目前大部分机器人的关节是间接驱动。

中小型机器人一般采用普通的直流伺服电动机、交流伺服电动机或步进电动机作为机器人的执行电动机。由于电动机速度较高，输出转矩又大于驱动关节所需要的转矩，所以必须使用带减速器的电动机驱动。但是，间接驱动带来了机械传动中不可避免的误差，引起冲击振动，影响机器人系统的可靠性，并增加关节质量和尺寸。

由于手臂通常采用悬臂梁结构，因而多自由度机器人关节上安装减速器会使手臂根部关节驱动器的负载增大。远距离驱动将驱动器和关节分离，目的在于减少关节体积、减轻关节质量。

驱动元件是执行装置，就是按照信号的指令，将来自电、液压和气压等的能量转换成旋转运动、直线运动等方式的机械能的装置。按照利用的能源来分，驱动元件主要分为电动执行装置、液压执行装置和气压执行装置。因此，工业机器人关节的驱动方式有液压驱动、气压驱动和电气驱动。

2.2.2　液压驱动

1. 液压驱动的优点

液压驱动所使用的压力为 0.5~14MPa。与其他两种驱动方式相比，其优点为：

1）驱动力或驱动力矩大，即功率质量比（或称比功率）大。

2）可以把工作液压缸直接做成关节的一部分，因此结构简单紧凑、刚度好。

3）由于液体的不可压缩性，定位精度比气压驱动高，并可实现任意位置的停止。

4）液压驱动调速比较简单，能在很大调整范围内实现无级调速。

5）液压驱动平稳，且系统的固有效率较高，可以实现频繁而平稳的变速与换向。

6）使用安全阀，可简单有效地防止过载现象发生。

7）有良好的润滑性能，寿命长。

2. 液压驱动的缺点

液压驱动的主要缺点：

1）油液容易泄漏，影响工作的稳定性与定位精度，易造成环境污染。

2）油液黏度随温度变化，不但影响工作性能，而且在高温与低温条件下很难应用。有时需要采用油温管理措施。

3）油液中容易混入气泡、水分等，使系统的刚性降低，速度响应特性及定位不稳定。

4）需配备压力源及复杂的管路系统，因而成本较高。

5）易燃烧。

3. 液压驱动的工作原理和组成

液压驱动方式大多用于要求输出力较大的场合，在低压驱动条件下比气压驱动速度低。液压驱动的输出力和功率很大，能构成伺服机构，常用于大型机器人关节的驱动。

液压驱动系统主要由液压缸和液压阀等组成。液压缸是将液压能转变为机械能的、做直线往复运动或摆动运动的液压执行元件。它结构简单、工作可靠。用液压缸来实现往复运动时，可免去减速装置，且没有传动间隙，运动平稳，因此在各种液压系统中得到广泛应用。

用电磁阀控制的往复直线运动液压缸（简称直线液压缸）是最简单和最便宜的开环液压驱动装置。直线液压缸通过受控节流口调节流量，可以在达到运动终点时实现减速，使停止过程得到控制。大直径液压缸本身造价较高，需配备昂贵的电液伺服阀，但能得到较大的出力，工作压力通常达 14MPa。

无论是直线液压缸还是叶片式液压马达（后称旋转液压马达），它们的工作原理都是基于高压油对活塞或对叶片的作用。液压油是经控制阀被送到液压缸一端的。在开环系统中，是由电磁阀控制的；而在闭环系统中，则是用电液伺服阀或手动阀来控制的。图 2-12 给出了直线液压缸中阀的控制示意图。

液压阀又分为单向阀和换向阀。单向阀只允许油液向某一方向流动，而反向截止，这种阀也称为止回阀。换向阀分为滑阀式换向阀、手动换向阀、机动换向阀和电磁换向阀。滑阀式换向阀是靠阀芯在阀体内做轴向运动，使相应的油路接通或断开的换向阀。手动换向阀用于手动换向。机动换向阀用于机械运动中，作为限位装置限位换向。电磁换向阀用于在电气装置或控制装置发出换向命令时，改变流体方向，从而改变机械运动状态。

美国 Unimation 公司生产的 Unimate 型机器人采用直线液压缸作为驱动元件。Versatran

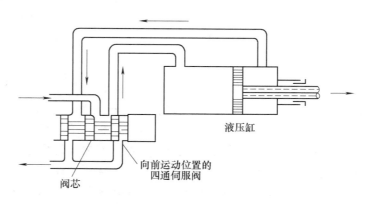

图 2-12　直线液压缸中阀的控制

机器人也使用直线液压缸作为圆柱坐标式机器人的垂直驱动元件和径向驱动元件。

液压伺服系统的组成如图 2-13 所示。

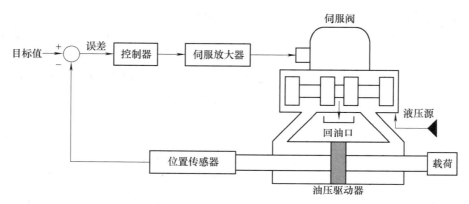

图 2-13　液压伺服系统的组成

液压泵将压力油供到伺服阀，给定位置的指令值与位置传感器的实测值之差经过放大器放大后送到伺服阀。当信号输入伺服阀时，压力油被供到驱动器并驱动载荷。当反馈信号值与输入指令值相同时，驱动器便停止工作。伺服阀在液压伺服系统中是不可缺少的一部分，它利用电信号实现液压系统的能量控制。在响应快、载荷大的伺服系统中往往采用液压驱动器，原因在于液压驱动器的输出功率与质量之比最大。

液压伺服系统的工作特点：

1）在液压伺服系统的输入和输出之间存在反馈连接，从而组成了闭环控制系统。反馈介质可以是机械、电气、气动、液压或它们的组合形式。

2）系统的主反馈是负反馈，即输入信号与反馈信号相减，用二者之间的偏差来控制液压源。通过控制输入液压元件的流量，使其向减小偏差的方向移动。通过这种方式使得系统的输出值接近并等于输入信号值。

3）系统输入信号的功率很小，但系统的输出功率却可以很大，因此它是一个功率放大装置，功率放大所需的能量由液压源提供。液压源提供能量的大小是根据伺服系统偏差大小自动控制的。

2.2.3　气压驱动

1. 气压驱动的优点

在所有的驱动方式中，气压驱动是最简单的，在工业上应用很广。气压驱动的压力在工业机器人中通常在 0.4~0.6MPa，最高可达 0.8MPa。气压驱动大多用于输出力小于 300N，但要求运动速度快的场合，也适用于易燃、易爆和灰尘大的场合。气压驱动的主要优点是：

1）快速性好。这是因为压缩空气的黏性小。

2）气源方便。一般工厂都由压缩空气站供应压缩空气。

3）废气可直接排入大气，不会造成污染，所以比液压驱动清洁。

4）通过调节气量可实现无级变速。

5）由于空气的可压缩性，气压驱动系统具有缓冲作用。

6）结构简单，易于保养，成本低。

2. 气压驱动的缺点

气压驱动的主要缺点：

1）由于工作压力低，所以功率质量比小，装置体积大。

2）基于气体的可压缩性，气压驱动很难保证较高的定位精度。

3）使用后的压缩空气向大气排放时，会产生噪声。

4）因压缩空气含冷凝水，使得气压系统易锈蚀。在低温下由于冷凝水结冰，气动系统有可能启动困难。

3. 气压驱动工作原理和组成

气压驱动在原理上很像液压驱动，但细节上差别很大，气压驱动的工作介质是高压空气。

气动系统操作简单、易于编程，所以可以完成大量的点位搬运操作任务。但是用气压伺服实现高精度很困难。不过在能满足精度要求的情况下，气压驱动的机器人在所有驱动方式的机器人中质量最轻、成本最低。另外，气压驱动可以实现模块化，它很容易在各个驱动装置上增加压缩空气管道，利用模块化组件形成任意一个复杂的系统。

气压驱动系统主要由气源装置、气动控制元件、气动执行元件组成。

（1）气源装置　气压驱动系统中的气源装置为气动系统提供符合使用要求的压缩空气，它是气压传动系统的重要组成部分。气源装置是获得压缩空气的装置，其主体部分是空气压缩机，它将原动机供给的机械能转变为气体的压力能。由空气压缩机产生的压缩空气必须经过降温、净化、减压、稳压等一系列处理后，才能供给控制元件和执行元件使用。用过的压缩空气排向大气时，会产生噪声，应采取措施，降低噪声，改善劳动条件和环境质量。

（2）气动控制元件　气动控制元件主要包括压力控制阀、流量控制阀和方向控制阀。

1）压力控制阀：气压系统不同于液压系统，一般每一个液压系统都自带液压源（液压泵）；而在气压系统中，一般来说由空气压缩机先将空气压缩，储存在贮气罐内，然后经管路输送给各个气动装置使用。贮气罐的空气压力往往比各台设备实际所需要的压力高，其压力波动值也较大。因此，需要用减压阀（调压阀）将压力减到每台装置所需的压力数值，并使减压后的压力稳定在所需压力值上。有些气动回路需要依靠回路中压力的变化来控制两个执行元件的顺序动作，所用的阀就是顺序阀。顺序阀与单向阀的组合称为单向顺序阀。为了安全起见，所有的气动回路或贮气罐当超过允许压力值时，需要自动向外排气，这种压力控制阀称为安全阀（溢流阀）。

2）流量控制阀：在气压传动系统中，有时需要控制气缸的运动速度，有时需要控制换向阀的切换时间和气动信号的传递速度，这些都需要通过调节压缩空气的流量来实现。流量控制阀就是通过改变阀的通流截面积来实现流量控制的元件。流量控制阀包括节流阀、单向节流阀、排气节流阀和快速排气阀等。用流量控制的方法控制气缸活塞的运动速度时，采用气压控制比采用液压控制困难，特别是在极低速控制中，要按照预定行程变化来控制速度，只用气动很难实现。在外部负载变化很大时，仅用气动流量阀也不会得到满意的调速效果。为提高零部件的运动平稳性，建议采用气液联动控制。

3）方向控制阀：是气压传动系统中通过改变压缩空气的流动方向和气流的通断，来控制执行元件起动、停止及运动方向的气动元件。根据方向控制阀的功能、控制方式、结构方式、阀内气流的方向及密封形式等，方向控制阀可以分为以下 5 类：

① 气压控制换向阀：是以压缩空气为动力切换气阀，使气路换向或通断的阀类。气压控制换向阀多用于组成全气阀控制的气压传动系统或易燃、易爆、高净化等场合。

② 电磁控制换向阀：利用电磁力的作用来实现阀的切换，以控制气流的流动方向。常用的电磁控制换向阀有直动式和先导式两种。

③ 机械控制换向阀：又称为行程阀，多用于行程程序控制，作为信号阀使用。常依靠凸轮、挡块或其他机械外力推动阀芯，使阀换向。

④ 人力控制换向阀：有手动和脚踏两种操作方式。手动阀的主体部分与气控阀类似，其操作方式包括按钮式、旋钮式、锁式和推拉式。

⑤ 时间控制换向阀：是使气流通过气阻节流后到气容中，经一定的时间先使气容内建立起一定的压力后，使阀芯换向的阀类。在不允许使用时间继电器的场合（易燃、易爆、粉尘大等），用气动时间控制就显出其优越性。

（3）气动执行元件　气动执行元件主要包括气缸和气动电动机。

气缸是气动系统的执行元件之一。除几种特殊气缸外，普通气缸的种类及结构形式与液压缸基本相同。目前最常用的是标准气缸，其结构和参数都已系列化、标准化和通用化。标准气缸通常有无缓冲普通气缸和有缓冲普通气缸等。较为典型的特殊气缸有气液阻尼缸、薄膜式气缸和冲击式气缸等。

普通气缸工作时，由于气体有压缩性，当外部载荷变化较大时，会产生"爬行"或"自走"现象，使气缸的工作不稳定。为了使气缸运动平稳，普遍采用气液阻尼缸。气液阻尼缸中一般将双活塞杆缸作为液压缸。因为这样可使液压缸两腔的排油量相等，此时油箱内的油液只用来补充因液压缸泄漏而减少的油量。

薄膜式气缸是一种利用压缩空气通过膜片推动活塞杆做往复直线运动的气缸。它由缸体、膜片、膜盘和活塞杆等主要零件组成。其功能类似于活塞式气缸。

冲击式气缸是一种体积小、结构简单、易于制造、耗气功率小但能产生相当大冲击力的特殊气缸。与普通气缸相比，冲击式气缸增加了一个具有一定容积的蓄能腔和喷嘴。

气动电动机也是气动执行元件的一种，它的作用相当于电动机或液压电动机，即输出转矩，拖动机构做旋转运动。气动电动机是以压缩空气为工作介质的原动机。

2.2.4　电气驱动

电气驱动是利用各种驱动电动机产生的力矩和力直接经过机械传动机构去驱动执行机构，以获得机器人的各种运动。

1. 常用电动机

（1）步进电动机　步进电动机（stepping motor）是一种将输入脉冲信号转换成相应角位移或线位移的旋转电动机。步进电动机的输入量是脉冲序列，输出量则为相应的增量位移或步进运动。正常运动情况下，它每转一周具有固定的步数，做连续步进运动时，其旋转转速与输入脉冲的频率保持严格的对应关系，不受电压波动和负载变化的影响。由于步进电动机能直接接受数字量的控制，因而特别适宜采用计算机进行控制，是位置控制中不可或缺的执行装置。通常步进电动机具有永磁转子，而定子上有多个绕组。由于绕组中产生的热量很容易从电动机机体散失，且因为没有电刷与换向器，因而步进电动机的使用寿命比较长。

（2）直流电动机　作为控制用的电动机，直流电动机具有起动转矩大、体积小、质量轻、转矩和转速容易控制、效率高等优点。图 2-14 所示为直流电动机的工作原理示意图。N 和 S 是一对固定的磁极，可以是电磁铁，也可以是永久磁铁，磁极之间有一个可以转动的铁质圆柱体，称为电枢铁心。铁心表面固定一个用绝缘导体构成的电枢绕组 abcd，绕组的两端分别接到相互绝缘的两个半圆形铜片（换向片）上，它们组合在一起称为换向器。在每个半圆铜片上又分别放置一个固定不动而与之滑动接触的电刷 A 和 B，绕组 abcd 通过换向器和电刷接通外电路。

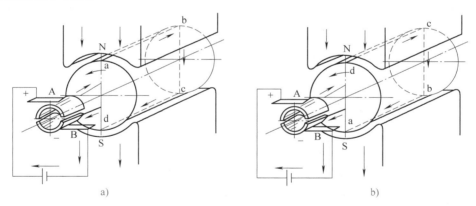

图 2-14　直流电动机的工作原理示意图

如图 2-14a 所示，将外部直流电源加到电刷 A（正极）和 B（负极）上。在导体 ab 中，电流由 a 指向 b；在导体 cd 中，电流由 c 指向 d。导体 ab 和 cd 分别处于 N、S 极磁场中，受到电磁力的作用。由左手定则可知，导体 ab 和 cd 均受到电磁力的作用，且形成的转矩方向一致，这个转矩称为电磁转矩，为逆时针方向。这样，电枢就顺着逆时针方向旋转。

如图 2-14b 所示，当电枢旋转 180°，导体 cd 转到 N 极，导体 ab 转到 S 极下。由于电流仍从电刷 A 流入，使 cd 中的电流变为由 d 流向 c，而 ab 中的电流由 b 流向 a，从电刷 B 流出。由左手定则判断可知，电磁转矩的方向仍为逆时针方向。

直流电动机由于有电刷和换向器，寿命短、噪声大。为克服这一缺点，人们开发研制出了无刷直流电动机。在进行位置控制和速度控制时,需要使用转速传感器,实现位置、速度负反馈的闭环控制方式。无刷直流电动机是直流电动机和交流电动机的混合体,虽然其结构与交流电动机不完全相同,但二者具有相似之处。

无刷直流电动机工作时使用的是开关直流波形,这一点和交流电相似(正弦波或梯形波),但频率不一定是 60Hz。因此,无刷直流电动机不像交流电动机,它可以工作在任意速度,包括很低的速度。为了正确地运转,需要一个反馈信号来决定何时改变电流方向。实际上,装在转子上的旋转变压器、光学编码器或霍尔(效应)传感器都可以向控制器输出信号,由控制器来切换转子中的电流。为了保证运行平稳、力矩稳定,转子通常有三相,通过利用相位差 120°的三相电流给转子供电。无刷直流电动机通常由控制电路控制运行,若直接接在直流电源上,它不会运转。

(3)伺服电动机 伺服电动机是指带有反馈的直流电动机、交流电动机、无刷电动机或步进电动机。伺服电动机可精确控制速度和位置,可以将电压信号转化为转矩和转速以驱动控制对象。伺服电动机转子转速受输入信号控制,并能快速反应,在自动控制系统中用作执行元件,具有机电时间常数小、线性度高等特性,可把所收到的电信号转换成电动机轴的角位移或角速度输出。其主要特点是,当信号电压为零时无自转现象,转速随着转矩的增加而匀速下降。为实现伺服电动机的控制,可以使用多种不同类型的传感器,包括编码器、旋转变压器、电位器和转速计等。如果采用了位置传感器,如电位计和编码器等,对输出信号进行微分就可以得到速度信号。

电动机的驱动可分为普通交、直流电动机驱动,交、直流伺服电动机驱动和步进电动机驱动。普通交、直流电动机驱动需要减速装置,输出转矩大,但控制性能差,惯性大,适用于中型或重型机器人。而伺服电动机和步进电动机输出转矩相对较小,控制性能好,可实现速度和位置的精确控制,适用于中小型机器人。交、直流伺服电动机一般用于闭环控制系统。步进电动机则主要用于开环控制系统,一般用于对速度和位置精度要求不高的场合。

2. 工业机器人对驱动电动机的要求

电动机使用简单,且随着材料性能的提高,电动机性能也逐渐提高。目前机器人关节驱动逐渐被电动机驱动所代替。工业机器人对驱动电动机的要求如下:

1)快速性。电动机从获得指令信号到完成指令所要求的工作状态的时间应尽可能短。响应指令信号的时间越短,电动机伺服系统的灵敏性越高,快速响应性能就越好。一般是以伺服电动机的机电时间常数来表示伺服电动机快速响应的性能。

2)起动转矩惯量比较大。在驱动负载的情况下,要求机器人的伺服电动机的起动转矩大,转动惯量小。

3)控制特性的连续性和直线性。随着控制信号的变化,电动机的转速能连续变化,有时还需转速与控制信号成正比或近似成正比。

4)调速范围宽。能适用于 1∶1000~1∶10000 的调速范围。

5)体积小,质量轻,轴向尺寸短。

6)能在苛刻的运行条件下工作,可进行十分频繁的正、反向和加、减速运动,并能在短时间内承受过载。

目前,由于高起动转矩、大转矩、低惯量的交、直流伺服电动机在工业机器人领域中得到了广泛应用。一般负载在 1000N 以下的工业机器人大多采用电动机伺服驱动系统。所采用的关节驱动电动机主要是交流伺服电动机、步进电动机和直流伺服电动机。其中，交流伺服电动机、直流伺服电动机、直接驱动电动机（DD）均采用位置闭环控制，一般应用于高精度、高速度的机器人驱动系统中。步进电动机驱动系统多用于对精度、速度要求不高的小型简易机器人开环系统中。交流伺服电动机由于采用了电子换向，无换向火花，在易燃、易爆环境中得到了广泛的应用。机器人关节驱动电动机的功率一般为 0.1~10kW。

2.2.5　工业机器人驱动系统的选用原则

一般情况下，各种机器人驱动系统的设计选用原则如下：

1. 控制方式

对物料搬运（包括上、下料）、冲压用的有限点位控制的程序控制机器人，低速重负载时可选用液压驱动系统；中等负载时可选用电动机驱动系统；轻负载时可选用电动机驱动系统；轻负载、高速时可选用气动驱动系统，冲压机器人手爪多选用气动驱动系统。

2. 作业环境要求

从事喷涂作业的工业机器人，由于工作环境需要防爆，多采用电液伺服驱动系统和具有本征防爆的交流电动机伺服驱动系统。水下机器人、核工业专用机器人、空间机器人以及在腐蚀性、易燃易爆气体、放射性物质环境中工作的移动机器人，一般采用交流电动机伺服驱动系统。如要求在洁净环境中使用，则多采用直接驱动的电动机驱动系统。

3. 操作运行速度

对于装配机器人，由于要求有较高的点位重复精度和较高的运行速度，通常在运行速度相对较低（≤4.5m/s）的情况下，可采用 AC、DC 或步进电动机伺服驱动系统；在速度、精度要求均很高的条件下，多采用直接驱动（DD）的电动机驱动系统

2.2.6　工业机器人的传动装置

驱动装置的受控运动是通过传动机构带动机械臂产生的，以保证手部的精确定位。目前工业机器人广泛采用的机械传动装置是减速器。工业机器人使用的减速器是一种精密的动力传动装置，它利用齿轮传动，将电动机的转速降到所要的转速，并得到较大的转矩。

工业机器人的动力源一般为交流伺服电动机，因为由脉冲信号驱动，其伺服电动机本身就可以实现调速，为什么工业机器人还需要减速器呢？

这是因为工业机器人通常执行重复的动作以完成相同的工序。为保证在生产中能够可靠地完成工序任务并确保工艺质量，对工业机器人的定位精度和重复定位精度要求很高。因此，提高和确保工业机器人的精度就需要减速器。

精密减速器在工业机器人中的另一作用是传递更大的转矩。当负载较大时，单纯提高伺服电动机的功率是不合适的，可以在适宜的速度范围内通过减速器来提高输出转矩。

此外，伺服电动机在低频运转时容易发热和出现低频振动，不利于长时间和周期性的工作。精密减速器的存在使伺服电动机在一个合适的速度下运转，并精确地将转速降到工业机器人各部位需要的速度，提高机械体刚性的同时输出更大的力矩。

与通用减速器相比，机器人关节减速器要求具有传动链短、体积小、功率大、质量轻和易控制等特点。大量应用在关节型机器人上的减速器主要有两类：RV 减速器和谐波减速器。一般将 RV 减速器放置在基座、腰部、大臂等重负载的位置，主要用于 20kg 以上的机

器人关节；将谐波减速器放置在小臂、腕部或手部等轻负载的位置，主要用于 20kg 以下的机器人关节。

精密减速器制造投资大、技术难度高，有很高的壁垒。因此，全球工业机器人减速器的市场高度集中，其中日本纳博特斯克在 RV 减速器领域处于垄断地位，日本哈默纳科则在谐波减速器领域处于垄断地位，两家合计占全球市场的 75% 左右，另外一家日本厂商住友则占据了 10%。图 2-15 和图 2-16 所示分别为 RV 减速器和谐波减速器。

图 2-15　RV 减速器

图 2-16　谐波减速器

近几年国产减速器企业无论是在技术上还是在成本控制上都取得了一定的突破。虽然减速器市场依旧由国外主导，但是国产减速器也在不断进步。

2.3　工业机器人的常用工具

机器人能够完成什么工作取决于机器人六轴法兰盘上安装的工具。常用的工具有真空吸盘、焊枪、气爪、喷枪等。下面简单介绍机器人的几种常用工具。

1. 真空吸盘

真空吸盘又称真空吊具及真空吸嘴。利用真空吸盘抓取制品是最廉价的一种方法。真空吸盘品种多样，橡胶制成的吸盘可在高温下进行操作，由硅橡胶制成的吸盘非常适于抓住表面粗糙的制品；由聚氨酯制成的吸盘则很耐用。另外，在实际生产中，如果要求吸盘具有耐油性，则可以考虑使用聚氨酯、丁腈橡胶或含乙烯基聚合物等材料来制造。通常，为避免制品表面被划伤，最好选择由丁腈橡胶或硅橡胶制成的带有波纹管的吸盘。

平直型真空吸盘的结构如图 2-17 所示，它由吸盘和吸盘箍组成。

平直型真空吸盘的工作原理：首先将真空吸盘通过接管与真空设备接通，然后与待提升物如玻璃、纸张等接触，起动真空设备抽吸，使吸盘内产生负气压，从而将待提升物吸牢，即可开始搬送待提升物。当待提升物搬送到目的地时，平稳地充气进真空吸盘内，使真空吸盘内由负气压变成零气压或较小正值的气压，真空吸盘就脱离待提升物，从而完成了提升搬送重物的任务。平

图 2-17　平直型真空吸盘

直型真空吸盘的优点有：

1）易使用。不管被吸物体是什么材料做的，只要能密封不漏气，均能使用。电磁吸盘就不行，它只能用在金属材质上，其他材料的板材或者物体都不能被电磁吸盘吸附。

2）无污染。真空吸盘特别环保，不会污染环境，没有光、热、电磁等产生。

3）不伤工件。真空吸盘由于是橡胶材料所造，吸取或者放下工件时不会造成任何损伤。而挂钩式吊具和钢缆式吊具就做不到这点。在一些行业，对工件表面的要求特别严格，只能用真空吸盘。

4）成本低廉。

当然，平直型真空吸盘也存在缺点，比如易损耗。由于一般用橡胶制造，直接接触物体，磨损会比较严重，所以损耗很快。它是气动易损件，需定期更换。

真空吸盘的选型原则：

1）被移送物体的质量决定吸盘的大小和数量。可根据被拾取物体的质量大小选用径向尺寸大的吸盘或多个吸盘组合使用。

2）由被移送物体的形状和表面状态来选定吸盘的种类。

3）由工作环境（温度）来选择吸盘的材质。

4）由连接方式来选择吸盘、接头、缓冲连接器。

5）根据被移送物体的高低和缓冲距离选择吸盘的尺寸和移动范围。

2. 焊枪

焊枪是利用焊机的高电流、高电压产生的热量聚集在焊枪终端使焊丝熔化。熔化的焊丝渗透到需焊接的部位，冷却后被焊接的物体牢固地连接成一体。焊枪功率的大小取决于焊机的功率和焊接材质。焊枪的使用注意事项：

1）焊枪插电后，不要去触碰枪头，不小心碰到会烫伤起水泡，需赶快冲水。

2）焊枪头使用久了会有杂物，需在安全状态下使用擦拭布清理，保持清洁。

3）焊枪放置于焊枪架时，依然需小心别触碰到架旁的物体。

4）焊枪使用完毕，需拔掉插头等待 10min 冷却后才可收起来。

根据焊丝送丝方式的不同，焊枪可分成拉丝式焊枪和推丝式焊枪两类。

（1）拉丝式焊枪　这种焊枪的主要特点是送丝速度均匀稳定，活动范围大。但是由于送丝机构和焊丝都装在焊枪上，所以焊枪的结构比较复杂，且比较笨重，只能使用直径 0.5～0.8mm 的细焊丝进行焊接。

（2）推丝式焊枪　这种焊枪结构简单、操作灵活，但焊丝经过软管时受较大的摩擦阻力，只能采用 ϕ1mm 以上的焊丝进行焊接。推丝式焊枪按形状不同，又分为鹅颈式焊枪和手枪式焊枪两种。

1）鹅颈式焊枪形似鹅颈，应用较为广泛，用于平焊位置时很方便。典型的鹅颈式焊枪由喷嘴、焊丝嘴、分流器、导管电缆等组成，如图 2-18 所示。

2）手枪式焊枪形似手枪，用来焊接除水平面以外的空间焊缝较为方便，如图 2-19 所示。焊接电流较小时，焊枪采用自然冷却；

图 2-18　平直型鹅颈式焊枪

当焊接电流较大时，采用水冷式焊枪。

3. 喷枪

喷枪是利用液体或压缩空气迅速释放作为动力的一种设备。喷枪可直接安装在自动化设备中，如在自动喷胶机、自动涂胶机、自动喷漆机、涂覆机等喷涂设备中使用。

4. 气动夹爪

气动夹爪简称气爪是一种变形气缸。它可以用来抓取物体，实现机械手的各种动作，如图 2-20 所示。在自动化系统中，气动夹爪常应用在搬运、传送工件机构中抓取、拾放物体。气动夹爪又名气动手指或气动夹指，是利用压缩空气作为动力，用来夹取或抓取工件的执行装置。根据外形通常可分为 Y 形夹指和平形夹指。

5. 变位器

图 2-19 手枪式焊枪

变位器是用于机器人或工件整体移动，进行协同作业的附加装置，根据需要选配。图 2-21 所示为变位器。

图 2-20 气动夹爪

图 2-21 变位器

通过选配变位器，可增加机器人的自由度和作业空间。此外，还可实现与作业对象或其他机器人的协同运动，增强机器人的功能和作业能力。简单机器人系统的变位器一般由机器人控制器进行控制，多机器人复杂系统的变位器需要由上级控制器进行集中控制。

本 章 小 结

本章讲述了工业机器人的机械结构系统。工业机器人的机械结构系统由基座、手臂、手部三大部分组成。工业机器人的基座是整个机器人的支持部分，用于机器人的安装和固定，也是工业机器人的电线电缆、气管油管输入连接部位。固定式机器人的基座一般固定在地面上，移动式机器人的基座安装在移动机构上，常见的工业机器人为固定式。手臂是工业机器人的主要执行部件，手臂连接手部和基座，用于改变手腕和末端执行器的空间位置。手臂在工作中直接承受腕、手和工件的静、动载荷，自身运动又较多，故受力复杂。手部是装在机器人手腕末端法兰上直接抓握工件或执行作业的部件，手部也叫末端执行器。

本章还讲述了工业机器人的几种驱动方式。驱动装置是带动臂部到达指定位置的动力源。通常动力是直接经电动机、减速器或其他方法送至臂部。驱动装置的受控运动必须是通过传动机构带动机械臂产生的，以保证手部运动定位精确。目前工业机器人广泛采用的机械传动装置是减速器。工业机器人使用的减速器是一种精密的动力传动装置，其利用齿轮传动，将电动机的转速减到所需要的转速，并得到较大转矩，从而降低转速，增加转矩。

思考与练习题

1. 工业机器人的机械系统有哪三部分组成？
2. 工业机器人手部有哪些特点？
3. 工业机器人的手部是如何分类的？
4. 确定手部的作业方向，一般需要三个自由度，这三个自由度的分别是什么？
5. 关节由什么组成？
6. 工业机器人中轴承的作用是什么？
7. 工业机器人驱动系统常用的三种驱动方式是什么？
8. 工业机器人对驱动电动机有哪些要求？
9. 各种机器人驱动系统的设计选用原则是什么？

3

工业机器人是由计算机控制的复杂机器，它具有类似人的肢体及感官功能，动作灵活，在工作时可以不依赖人的操纵。工业机器人传感器在机器人的控制中起着非常重要的作用。正因为有了传感器，工业机器人才具备了类似人类的知觉功能和反应能力。

为了检测作业对象及环境状况，更充分地完成复杂的工作，在工业机器人上安装有触觉传感器、视觉传感器、力觉传感器、接近觉传感器。工业机器人感觉系统的基本组成为视觉、听觉、触觉、嗅觉、味觉、平衡感觉和其他。

工业机器人的传感器按用途可分为内部传感器和外部传感器。其中内部传感器安装在操作机上，包括位移、速度、加速度传感器，用来检测机器人操作机内部状态，并在伺服控制系统中作为反馈信号。外部传感器，如视觉、触觉、力觉、距离等传感器，用来检测作业对象及环境与机器人的关系。

制造传感器所使用的材料有金属、半导体、绝缘体、磁性材料、强电介质和超导体等。其中半导体材料用得最多。这是因为传感器必须敏锐的反应内部和外界环境的变化，而半导体材料能够最好地满足这一要求。一般情况下，要求工业机器人传感器具有精度高、重复性好，稳定性和可靠性好，抗干扰能力强，质量轻、体积小、安装方便等特点。只有这样才能更好地适应加工任务要求，满足机器人控制的要求，满足安全性以及其他辅助工作的要求。

3.1 工业机器人内部传感器

在工业机器人的内部传感器中，位置传感器和速度传感器是机器人反馈控制中不可缺少的元件。另外，倾斜角传感器、方位角传感器及振动传感器等也被用作机器人的内部传感器。

内部传感器的功能分类：

1）规定位置、规定角度的检测。

2）位置、角度测量。

3）速度、角速度测量。

4）加速度测量。

下面主要介绍位移和位置传感器以及速度和加速度传感器。

3.1.1 位移和位置传感器

1. 规定位置、规定角度的检测

检测预先规定的位置或角度，可以用开或关两个状态值。一般用于检测工业机器人的起始原点、越限位置或确定位置。通常采用微型开关和光电开关。

微型开关：规定的位移或力作用到微型开关的可动部分（称为执行器）时，开关的电气触点断开或接通。限位开关通常装在盒里，以防水、油、尘埃的侵蚀和外力的作用。

光电开关：光电开关是由 LED 光源和光电二极管或光电晶体管等光敏元件组成，是相隔一定距离而构成的透光式开关。当光由基准位置的遮光片通过光源和光敏元件的缝隙时，光射不到光敏元件上，而起到开关的作用。

2. 位置、角度测量

测量工业机器人关节线位移和角位移的传感器是工业机器人位置反馈控制中必不可少的元件。

电位器可作为直线位移和角位移的检测元件。为了保证电位器的线性输出，应保证等效负载电阻远远大于电位器总电阻。电位器式传感器结构简单、性能稳定，使用方便，但分辨率不高，且当电刷和电阻之间接触面磨损或有尘埃附着时会产生噪声。

旋转变压器可作为测量旋转角度的传感器，它由铁心、两个定子线圈和两个转子线圈组成，定子和转子由硅钢片和坡莫合金叠层制成。给各定子线圈加上交流电压，转子线圈由于交流磁通的变化产生感应电压。感应电压和励磁电压之间相关联的耦合系数将随转子的转角而改变。因此，根据测得的输出电压，就可以知道转子转角的大小。

编码器将角位移或直线位移转换成电信号，输出波形为位移增量的脉冲信号。根据检测原理，编码器可分为光学式、磁式、感应式和电容式。

3.1.2　速度和加速度传感器

1. 速度、角速度测量

速度、角速度测量是驱动器反馈控制必不可少的环节。有时也利用测位移传感器测量速度及检测单位采样时间的位移量，但这种方法有其局限性，低速时存在测量不稳定的风险；高速时，测量精度较低。

最通用的速度、角速度传感器是测速发电机。测量角速度的测速发电机，按其构造可分为直流测速发电机、交流测速发电机和感应式交流测速发电机。

2. 加速度测量

随着机器人的高速化和高精度化，机器人的振动问题会越来越严重。为了解决振动问题，有时在机器人的运动手臂等位置安装加速度传感器，测量振动加速度，并把它反馈到驱动器上。

3.2　工业机器人外部传感器

工业机器人外部传感器的作用是检测作业对象及环境或其他机器人与其关系。工业机器人安装触觉、视觉、力觉、接近觉、超声波传感器和听觉传感器等，能大大改善工业机器人的工作状况。外部传感器的某些方面还处在探索中。随着外部传感器的进一步完善，机器人的功能会越来越强大，将在许多领域做出更大贡献。

3.2.1 触觉传感器

触觉是接触、冲击、压迫等机械刺激感觉的综合，机器人可以利用触觉来进行抓取，利用触觉还可以进一步感知物体的形状、软硬等物理性质。一般把检测感知和外部直接接触而产生的接触觉、压力、触觉及接近觉的传感器称为机器人触觉传感器。

1. 接触觉

接触觉是通过与对象物体彼此接触而产生的，所以最好使用手指表面高密度分布触觉传感器阵列方法。它柔软易于变形，可增大接触面积，并且有一定的强度，便于抓握。接触觉传感器能够检测机器人是否接触目标或环境，用于寻找物体或感知碰撞。接触觉传感器主要有机械式、弹性式和光纤式等。

1）机械式传感器：利用触点的接触和断开获取信息，通常采用微动开关来识别物体的二维轮廓，但由于结构关系无法形成高密度列阵。

2）弹性式传感器：这类传感器都由弹性元件、导电触点和绝缘体构成。如采用导电性石墨化碳纤维、氨基甲酸乙酯泡沫、印制电路板和金属触点构成的传感器，碳纤维被压后与金属触点接触，开关导通。也可由弹性海绵、导电橡胶和金属触点构成。导电橡胶受压后，海绵变形，导电橡胶和金属触点接触，开关导通。也可由金属和铍青铜构成，被绝缘体覆盖的青铜箔片被压后与金属接触，触点闭合。

3）光纤传感器：这种传感器由一束光纤构成的光缆和一个可变形的反射表面两部分构成。光通过光纤束投射到可变形的反射材料上，反射光按相反方向通过光纤束返回。如果反射表面是平的，则通过每条光纤所返回的光的强度是相同的。如果反射表面因与物体接触受力而变形，则反射的光强度不同。用高速光扫描技术进行处理，即可得到反射表面的受力情况。

2. 接近觉

接近觉是一种粗略的距离感觉，接近觉传感器的主要作用是在接触对象之前获得必要的信息用来探测在一定距离范围内是否有物体接近、物体的接近距离和对象的表面形状及倾斜等状态。在机器人中，主要用于对物体的抓取和躲避。

接近觉一般用非接触式测量元件，如霍尔效应传感器、电磁式接近开关和光学接近传感器。光电式接近觉传感器是目前应用最多的一种接近觉传感器，其应答性好，维修方便，尤其是测量精度很高。但其信号处理较复杂，使用环境也受到一定限制（如环境光的影响）。光电式接近觉传感器由红外发光二极管和光电晶体管组成。发光二极管发出的光经过目标物体反射后被光电晶体管接收，接收到的光强与目标物体的距离有关，且输出信号为距离函数。可以通过对红外信号的频率进行调制来提高信噪比。

3. 滑觉

机器人在抓取不知属性的物体时，需要确定最佳的握紧力。当握紧力不够时被握物体与机器人手爪间会存在滑动。在不损害物体的前提下，通过测量物体与机器人手爪间的滑动状态来保证最可靠的夹持力度，实现此功能的传感器称为滑觉传感器。

滑觉传感器有滚动式和球式，还有一种通过振动检测滑觉的传感器。物体在传感器表面滑动时，将与滚轮或环相接触，物体的滑动转变成转动。滚动式传感器一般只能检测到一个方向的滑动，而球式传感器则可以检测各个方向的滑动。振动式滑觉传感器表面伸出的触针能和物体接触。当物体滚动时，触针与物体接触而产生振动，这个振动由压电传感器或磁场线圈结构的微小位移计进行检测。

3.2.2　力觉传感器

力觉是指对机器人的指、肢和关节等在运动中所受力的感知，主要包括腕力觉、关节力觉和支座力觉等。根据被测对象的负载，可以把力觉传感器分为测力传感器（单轴力传感器）、力矩传感器（单轴力矩传感器）、手指传感器（检测机器人手指作用力的超小型单轴力传感器）和六轴力觉传感器等。力觉传感器根据力的检测方式不同，可以分为：

1）检测应变或应力的应变片式力觉传感器，这种传感器在机器人中广泛采用。

2）利用压电效应的压电元件式力觉传感器。

3）用位移计测量负载产生的位移的差动变压器、电容位移计式力觉传感器。

在选用力觉传感器时，首先要特别注意额定值，其次在机器人通常的力控制中，力的精度意义不大，重要的是分辨率。在机器人上安装力觉传感器时一定要先检查操作区域，清除障碍物。这对保障实验者的人身安全和保证机器人及外围设备不受损害有重要意义。

3.2.3　距离传感器

距离传感器可用于机器人导航和回避障碍物，也可用于对机器人空间内的物体进行定位及确定其形状特征。目前最常用的测距法有超声波测距法和激光测距法。

1）超声波测距法：超声波是频率 20kHz 以上的机械振动波，利用发射脉冲和接收脉冲的时间间隔推算出距离。超声波测距法的缺点是波束较宽，其分辨力受到严重的限制。因此主要用于导航和回避障碍物。

2）激光测距法：激光测距法也可以利用回波法，或者利用激光测距仪，其工作原理是将氦氖激光器固定在基线上，并在基线的一端由反射镜将激光点射向被测物体。将反射镜固定在电动机轴上促使电动机连续旋转，此时使激光点稳定地扫描被测目标。由 CCD（电荷耦合器件）摄像机接收反射光，采用图像处理的方法检测出激光点图像，并根据位置坐标及摄像机光学特点计算出激光反射角。之后利用三角测距原理即可算出反射点的位置。

3.2.4　激光雷达

工作在红外和可见光波段的雷达称为激光雷达，激光雷达是以发射激光束探测目标的位置、速度等特征量的雷达系统，如图 3-1 所示。它由激光发射、光学接收和信息处理等系统组成。发射系统是各种形式的激光器，接收系统采用望远镜和各种形式的光电探测器。激光雷达用于工业机器人测距和测速。

激光器将电脉冲变成光脉冲（激光束）作为探测信号向目标发射出去，打在物体上并反射回来。光接收机接收从目标反射回来的光脉冲信号（目标回波）并与发射信号进行比较，还原成电脉冲，送到显示器。接收器准确地测量光脉冲从发射到被反射回的传播时间。因为光脉冲以光速传播，所以接收器总是能够在下

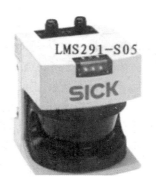

图 3-1　激光雷达

一个脉冲发出之前收到前一个被反射回的脉冲。鉴于光速是已知的，传播时间可被转换为对

距离的测量。然后经过适当处理后，就可获得目标的有关信息，如目标距离、方位、高度、速度、姿态甚至形状等参数，从而对目标进行探测、跟踪和识别。

根据扫描机构的不同，激光测距雷达有 2D 和 3D 两种。激光测距方法主要分为两类：一类是脉冲测距方法，另一类是连续波测距法。激光雷达由于使用的是激光束，工作频率高，因此具有分辨率高、隐蔽性好、低空探测性能好、体积小且质量轻的特点。但是激光雷达工作时受天气和大气影响较大，这是它的不足之处。

3.2.5　机器人视觉装置

视觉系统能够将对象物体或工件进行拍摄与处理，因此它广泛取代了人工目视检测和确认工作。一个高性能的机器视觉图像处理过程主要包括：

1）拍摄：能够拍取到与焦点对比度良好的图像或视频数据。

2）传送：能够将原始数据快速发送至控制器。

3）预处理或主要处理：能够将原始数据加工至最适于进行计算和处理的图像，能够以高精度、高速的方式进行满足需要的处理。

4）输出：将处理后的数据信息以能够匹配控制装置的通信方式输出。

在自动化流水线上，当目标物（例如零部件）在输送带上前进时，视觉系统将进行检测。在拍摄到零部件图像后，图像数据被传递到视觉控制器，根据图像像素的分布和亮度、颜色等信息，通过运算就可以抽取目标零部件的纹理、位置、长度、面积、数量等特征。根据这些特征就可以自动判断零部件的尺寸、角度、偏移量、合格或不合格等结果。

机器人视觉系统的特点如下：

1）非接触测量。因为机器人视觉系统与被测量对象不会直接接触，所以不会产生任何物理损伤，从而提高系统的可靠性。

2）具有较宽的光谱响应范围，可以测量人眼看不见的红外线等。

3）成本低，效率高。机器人视觉系统的性价比越来越高，而且视觉系统的操作和维护费用非常低。在长时间、大批量工业生产过程中，人工检查产品质量效率低且精度不高，用机器人视觉检测方法可以大大提高生产效率和生产的自动化程度。

4）机器人视觉易于实现信息集成，是实现计算机集成制造的基础技术。在自动化生产过程中，机器人视觉系统广泛地被应用于工况监视、成品检验和质量控制等领域。

5）精度高。人眼在连续的目测产品过程中，能发现的最小瑕疵为 0.3mm，而机器人视觉的检测精度可达到千分之一英寸（约 0.02mm）。

6）灵活性高、适应性强。机器人视觉系统能够进行各种不同的测量，而且当生产线重组后，视觉系统往往可以重复使用。

工业相机是机器人视觉系统中的一个关键组件，选择合适的相机也是机器人视觉系统设计中的重要环节。相机的选择不仅直接决定所采集到的图像分辨率、图像质量等，同时也与整个系统的运行模式直接相关。

目前，工业相机大多是基于 CCD（Charge Coupled Device，电荷耦合元件）或 CMOS（Complementary Metal Oxide Semiconductor，互补金属氧化物半导体）芯片的相机。

CCD 图像传感器是目前机器人视觉中最为常用的图像传感器，如图 3-2 所示。CCD 的突出特点是以电荷作为信号，而不同于其他器件是以电流或者电压为信号。典型的 CCD 相机由光学镜头、时序及同步信号发生器、垂直驱动器、模/数信号处理电路组成。

　　CMOS 图像传感器的开发最早出现在 20 世纪 70 年代初，90 年代后 CMOS 图像传感器得到迅速发展。CMOS 图像传感器以其良好的集成性、低功耗、高速传输和宽动态范围等特点在高分辨率和高速场合得到了广泛的应用。

　　智能相机系统与工业相机的区别简单而言，就是智能相机是一种高度集成化的微小型机器人视觉系统；而工业相机是机器人视觉系统的组成部分之一。图 3-3 所示为一种智能相机。

　　　　　图 3-2　CCD 图像传感器

　　　　图 3-3　智能相机

　　智能相机并不是一台简单的相机，而是一种高度集成化的微型机器人视觉系统。它将图像的采集、处理与通信功能集于一身，从而提供了具有多功能、模块化、高可靠性、易于实现的机器人视觉解决方案。同时，由于应用了最新的 DSP、FPGA 及大量存储技术，其智能化程度不断提高，可满足多种机器人视觉的应用需求。

　　智能相机一般是由图像采集单元、图像处理单元、图像处理软件、网络通信装置等构成。各部分的功能如下：

　　1）图像采集单元：在智能相机中，图像采集单元相当于普通意义上的 CCD 或 CMOS 相机和图像采集卡。它将光学图像转换为模拟或数字图像，并输送至图像处理单元。

　　2）图像处理单元：它类似于图像处理卡，可对由图像采集单元传来的图像数据进行实时存储，并在图像处理软件的支持下进行图像处理。

　　3）图像处理软件：在图像处理单元硬件环境的支持下，图像处理软件完成图像处理的各种功能，例如几何边缘或区域的提取、灰度直方图、OCV/OVR、简单的定位和搜索等。在智能相机中以上功能的算法都已封装成固定的模块，用户可直接应用而无须编程。

　　4）网络通信装置：网络通信装置是智能相机的重要组成部分，主要完成控制信息和图像数据的通信任务。智能相机一般均内置以太网通信装置，并支持多种标准网络和总线协议，从而使多台智能相机可以构成更大的机器人视觉系统。

3.2.6　传感器融合

　　工业机器人系统中使用的传感器种类和数量越来越多，而每种传感器都有一定的使用条件和感知范围。为了有效地利用这些传感器信息，需要对传感器信息进行融合处理。以多种形式处理采集的不同类型的信息就是传感器融合。

　　传感器的融合技术涉及神经网络、知识工程、模糊理论等信息、检测、控制领域的新理论和新方法。传感器的融合有多种方式，下面介绍两种方式：

　　1）竞争性方式。当利用不同的传感器检测同一环境或同一物体的同一性质时，提供的数据可能是一致的也可能是矛盾的。若有矛盾，则需要系统去裁决。裁决的方法有多种，如加权平均法、决策法等。

2）互补性方式。与竞争性方式不同，互补性方式是指各种传感器提供不同形式的数据。例如，利用彩色摄像机和激光测距仪确定一段阶梯道路。彩色摄像机提供图像信息（如颜色、阶梯特征等），而激光测距仪提供距离信息，两者融合即可获得三维信息。

多传感器信息融合的理想目标应该是人类的感觉、识别、控制体系的融合。但由于对后者尚无一个明确的工程学阐述，所以机器人传感器融合体系要具备什么样的功能尚是一个较为模糊的概念，但多传感器信息融合理论和技术必将会逐步完善和系统化。

3.3　工业机器人传感器应用

在工业自动化领域，机器需要传感器提供必要的信息，以正确执行相关的操作。机器人应用大量的传感器以提高适应能力。例如有很多的协作机器人集成了力矩传感器和摄像机，以确保在操作中拥有更好的视角，同时保证工作区域的安全等。下面介绍一些集成到机器人单元的传感器应用。

1. 二维视觉传感器在工业机器人项目中的应用

二维视觉基本上就是一个可以执行多种任务的摄像头。可以检测运动物体的速度，以及给传输带上的零件定位等。许多智能相机都可以检测零件并协助机器人确定零件的位置。图 3-4 所示为一种二维视觉传感器在机器人项目中的应用。

2. 三维视觉传感器在工业机器人项目中的应用

与二维视觉相比三维视觉是最近才出现的一种技术。三维视觉系统必须具备两个不同角度的摄像机或使用激光扫描器，通过这种方式检测对象的第三维度。例如在零件取放时，利用三维视觉技术检测物体并通过计算机创建三维图像，分

图 3-4　二维视觉传感器在机器人
项目中的应用

析并选择最好的拾取方式。图 3-5 所示为零件取放中三维视觉传感系统的应用。

图 3-5　零件取放中三维视觉传感器系统的应用

3. 力/力矩传感器在工业机器人项目中的应用

如果说视觉传感器给了机器人眼睛,那么力/力矩传感器则给机器人带来了触觉。机器人利用力/力矩传感器感知机械手末端执行器的力度。在多数情况下,力/力矩传感器都位于机械手和夹具之间,用来保证所有反馈到夹具上的力都在机器人的监控之中。有了力/力矩传感器,装配、人工引导、示教、力度限制等应用才能得以实现。图 3-6 所示为一种力/力矩传感器的应用。

4. 碰撞检测传感器在工业机器人项目中的应用

这些传感器的主要作用是为作业人员提供一个安全的工作环境,因此它常安装在协作机器人上。这种传感器可以是某种触觉识别系统,通过柔软的表面(作为缓冲)来感知压力。如果感知到压力,将给机器人发送信号,限制或停止机器人的运动以防止机器人自身或外界受到损伤或破坏。

目前,有些机器人的内部安装加速度计进行反馈,还有些则使用电流反馈。在这两种情况下,当机器人感知到异常力度时能够触发紧急停止。但这是在机器人已经感知到异常后才做出的反馈,因此危险已经发生。最安全的作业环境应该是完全没有碰撞的风险,因此在机器人上大多会安装碰撞检测传感器。图 3-7 所示为碰撞检测传感器的应用。

图 3-6　力/力矩传感器的应用

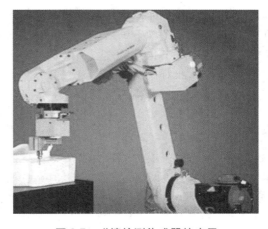

图 3-7　碰撞检测传感器的应用

5. 安全传感器的应用

要想让工业机器人与人进行协作,首先要找出可以保证作业人员安全的方法。这些传感器有各种形式,从摄像头到激光等,目的只有一个,就是告诉机器人周围的状况。有些安全系统可以设置成当有人出现在特定的区域或空间时,机器人会自动减速运行,而如果人继续靠近,机器人则会停止工作。一个简单的例子就是电梯门上的激光安全传感器。当激光检测到电梯门口存在障碍物时,电梯门会立即停止关闭并打开,以避免碰撞到门口的人或物体。

6. 其他传感器的应用

还有很多传感器适用于不同的应用,例如焊缝追踪传感器、触觉传感器等。这类传感器一般安装在抓手上用来检测和感觉所抓的物体。传感器通常能够检测力度,并得出力度分布的情况,从而知道对象的确切位置和简单外形,以便控制抓取的位置和末端执行器的抓取力度。另外还有一些触觉传感器可以检测热量的变化。

可以说传感器是实现智能化的关键组件，没有这些传感器，很多复杂的操作将无法实现。传感器的应用不仅实现了机器人的复杂操作，同时也保证了机器人在工作过程中可以得到良好的控制。在应用机器人传感器时应考虑如下几个方面：

1）程序设计与传感器。机器人工作站可以获取各个传感器的信息，并以这些信息为基础做出决定，选择可取的处理步骤。机器人在运行时，任务程序能够利用传感器采集的数据完成某些纠正或保护措施、排除某些误差。由此可见，不但正常的任务程序需要传感器，误差检查与纠正也需要传感器。

2）示教与传感器。所谓示教，简单而言就是人通过直接搬动机械臂，或者通过示教器和程序教给机器人所做的动作，机器人能够通过内置传感器采集到这一过程的各种中间数据并存贮起来，之后可以自行重复这一动作。

3）抗干扰能力。当使用非接触式传感器时，对能量发射装置所产生的干扰往往是很敏感的。需要有效地提高这类传感器的灵敏度，同时降低它们对噪声和干扰的敏感性，可以考虑滤波、调制和均分等方法。这些算法在信号处理与通信上是比较常见的，详细内容可参考相关文献。

本 章 小 结

工业机器人是由计算机控制的复杂机器，它具有类似人的肢体及部分感官功能，动作程序灵活，在工作时可以不依赖人的操纵。工业机器人传感器在机器人的控制中起着非常重要的作用。正因为有了传感器，工业机器人才具备了类似人类的知觉功能和反应能力。

为了检测作业对象及环境，更充分地完成复杂的工作，在工业机器人上安装触觉传感器、视觉传感器、力觉传感器、接近觉传感器。工业机器人的传感系统包括视觉、听觉、触觉、嗅觉、味觉、平衡感觉等。工业机器人的传感器按用途分类可分为内部传感器和外部传感器。

在工业自动化领域，机器需要传感器提供必要的信息，以正确执行相关的操作。机器人应用大量的传感器以提高适应能力。例如有很多的协作机器人集成了力矩传感器和摄像机，以确保在操作中拥有更好的视角，同时保证工作区域的安全等。

思考与练习题

1. 简述工业机器人内部传感器的分类和原理。
2. 工业机器人的外部传感器分为哪几种？
3. 列举两种触觉传感器并简述其原理。
4. 简述机器人视觉系统的作用和特点。
5. 列举两种工业机器人传感器的应用。

第 4 章
工业机器人的控制系统

4.1 工业机器人控制系统概述

工业机器人的控制系统是机器人的大脑，是决定机器人功能和性能指标的主要因素。工业机器人的控制就是控制工业机器人在工作空间的运动位置、姿态和轨迹、操作顺序及动作时间等。

4.1.1 工业机器人控制系统的特点

多数机器人各个关节的运动是相互独立的，为了实现机器人末端执行器的位置精度，需要多关节的协调。因此，机器人控制系统与普通的控制系统相比要复杂。具体来讲，机器人控制系统具有以下特点：

1）机器人控制系统是一个多变量控制系统，即使是简单的工业机器人也有 3~5 个自由度，比较复杂的机器人有十几个自由度，甚至几十个自由度。每个自由度一般包含一个伺服机构，多个独立的伺服系统必须有机地协调起来。例如机器人的手部运动是所有关节的合成运动。要使手部按照一定的轨迹运动，就必须控制机器人的基座、肘、腕等各关节协调运动，包括运动轨迹、动作时序等。

2）运动描述复杂。机器人的控制与机构运动学及动力学密切相关。描述机器人状态和运动的数学模型是一个非线性模型，随着状态的变化，其参数也在变化，各变量之间还存在耦合。因此，仅仅考虑位置闭环是不够的，还要考虑速度闭环，甚至加速度闭环。在控制过程中，根据给定的任务，还应选择不同的基准坐标系，并做适当的坐标变换，以求解机器人运动学正问题和逆问题。此外，还要考虑各关节之间惯性力等的耦合作用和重力负载的影响，因此，还经常需要采用一些控制策略，如重力补偿、前馈、解耦或自适应控制等。

3）具有较高的重复定位精度，系统刚性好。机器人的重复定位精度较高，一般为 ±0.1mm。此外，由于机器人运行时要求平稳并且不受外力干扰，为此系统应具有较好的刚性。

4）信息运算量大。机器人的动作规划通常需要解决最优问题。例如机械手末端执行器要到达空间某个位置，可以有几种解决办法，此时就需要规划一个最佳路径。较高级的机器人可以采用人工智能方法，用计算机建立庞大的信息库，借助信息库进行控制、决策管理和操作。即使是一般的工业机器人，根据传感器和模式识别的方法获得对象及环境的工况，按照给定的指标，自动选择最佳的控制规律，在这一过程中信息处理的运算量也是不小的。

5）需采用加（减）速控制。过大的加（减）速度会影响机器人运动的平稳性，甚至使机器人发生抖动，因此在机器人起动或停止时采取加（减）速控制策略。通常采用匀加（减）速运动指令来实现。此外，机器人不允许有位置超调，否则将可能与工件发生碰撞。因此，一般要求控制系统位置无超调，动态响应尽量快。

6）工业机器人还有一种特殊的控制方式，即示教再现控制方式。当需要工业机器人完成某项作业时，可预先人为地移动工业机器人手臂来示教该作业的顺序、位置及其他信息。在此过程中相关的作业信息会存储在工业机器人控制系统的内存中。在执行任务时，工业机器人通过读取存储的控制信息来再现动作功能，并可重复进行该作业。此外，从操作的角度来看，要求控制系统具有良好的人机界面，尽量降低对操作者的技术要求。

总之，工业机器人控制系统是一个与运动学和动力学密切相关的、紧耦合的、非线性的多变量控制系统。

4.1.2　工业机器人控制系统的功能

机器人控制系统是机器人的主要组成部分，用于控制操作机构完成特定的工作任务。其基本功能有示教再现功能、坐标设置功能、与外围设备的联系功能、位置伺服功能。

（1）示教再现功能　机器人控制系统可实现离线编程、在线示教及间接示教等功能，在线示教又包括通过示教器进行示教和导引示教两种情况。在示教过程中，可存储作业顺序、运动方式、运动路径和速度及与生产工艺有关的信息。在再现过程中，能控制机器人按照示教的加工信息自动执行特定的作业。

（2）坐标设置功能　一般的工业机器人控制器设置有关节坐标、绝对坐标、工具坐标及用户坐标4种坐标系，用户可根据作业要求选用不同的坐标系并可以进行各坐标系之间的转换。

（3）与外围设备的联系功能　机器人控制器设置有输入/输出接口、通信接口、网络接口和同步接口，并具有示教器、操作面板及显示屏等人机接口。此外还具有视觉、触觉、接近觉、听觉、力觉（力矩）等多种传感器接口。

（4）位置伺服等功能　机器人控制系统可实现多轴联动、运动控制、速度和加速度控制、力控制及动态补偿等功能。在运动过程中，还可以实现状态监测、故障诊断下的安全保护和故障自诊断等功能。

4.1.3　工业机器人的控制方式

工业机器人控制方式是由工业机器人所执行的任务决定的。工业机器人控制方式的分类没有统一标准，一般可以按照以下方式来分类。

按运动坐标控制的方式分为：关节空间运动控制、直角坐标空间运动控制。

按控制系统对工作环境变化的适应程度分为：程序控制系统、适应性控制系统、人工智能控制系统。

按同时控制机器人数目的多少分为：单控系统、群控系统。

按运动控制方式的不同分为：位置控制、速度控制、力控制（包括位置/力混合控制）。

下面介绍按运动控制方式分类的几种控制方式。

（1）位置控制方式　工业机器人的位置控制分为点位控制和连续轨迹控制两类，如图

4-1 所示。

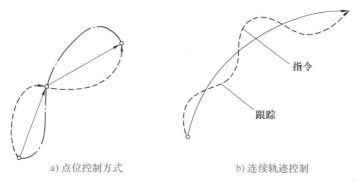

a) 点位控制方式　　　　　　b) 连续轨迹控制

图 4-1　位置控制方式

　　点位控制方式用于实现点的位置控制，其运动是从一个给定点到下一个给定点，而点与点之间的轨迹却不是最重要的。因此，它的特点是只控制工业机器人末端执行器在作业空间某些规定的离散点上的位姿。控制时只要求工业机器人快速、准确地实现相邻各点之间的运动，而对达到目标点的运动轨迹则不做规定标记。如自动插件机是在贴片电路板上完成安插元件、点焊、搬运、装配等作业，就是采用点位控制。这种控制方式的主要技术指标是定位精度和运动所需的时间，控制方式比较简单，但要达到较高的定位精度则较难。

　　连续轨迹控制方式用于指定点与点之间的运动轨迹所要求的曲线，如直线或圆弧。这种控制方式的特点是连续控制工业机器人末端执行器在作业空间中的位姿，使其严格按照预先设定的轨迹和速度在一定的精度要求内运动，速度可控、轨迹光滑、运动平稳，以完成作业任务。工业机器人各关节连续、同步地进行相应的运动，保证其末端执行器可完成连续的既定轨迹。这种控制方式的主要技术指标是机器人末端执行器的轨迹跟踪精度及平稳性。在用机器人进行弧焊、喷漆、切割等作业时，应选用连续轨迹控制方式。

　　工业机器人的结构多为串接的连杆形式，其动态特性具有高度的非线性。但在控制系统设计中，通常把机器人的每个关节当作一个独立的伺服机构来考虑。因此，工业机器人系统就变成了一个由多关节串联组成的各自独立又协同操作的线性系统。

　　因此，多关节位置控制是指考虑各关节之间的相互影响而对每一个关节分别设计的控制。但是若多个关节同时运动，则各个运动关节之间的力或力矩会产生相互作用，因而又不能运用单个关节的位置控制原理。要克服这种多关节之间的相互作用，必须添加补偿，即在多关节控制器中，机器人的机械惯性影响常常被作为前馈项考虑。

　　（2）速度控制方式　工业机器人在位置控制的同时，通常还要进行速度控制。例如，在连续轨迹控制方式的情况下，工业机器人需要按预定的指令来控制运动部件的速度和实行加速和减速，以满足运动平稳、定位准确的要求。由于工业机器人是一种工作情况（或行程负载）多变、惯性负载大的运动机械，要处理好快速与平稳的矛盾，必须控制起动加速和停止前的减速这两个过渡运动区段。而在整个运动过程中，速度控制通常情况下也是必需的。

　　（3）力（力矩）控制方式　在进行工件抓放操作、去毛刺、研磨和组装等作业时，除了要求准确定位之外，还要求使用特定的力或力矩传感器对末端执行器施加在工件上的力进行控制。这种控制方式与位置伺服控制原理基本相同，但输入量和输出量不是位置信号，而是力（力矩）信号，因此系统中必须有力（力矩）传感器。

例如，利用机械手夹起鸡蛋或擦洗玻璃时，在机械手与鸡蛋或玻璃之间必须加海绵等柔性物质，并且还需要力（力矩）传感器测量接触的力或力矩。为了使机器人在工作中能较好地适应工作任务的要求，常常希望机器人具有柔性（compliance），使机器人成为柔性机器人系统，通常将这种性质分为主动柔顺和被动柔顺。

机器人如果能够利用力反馈信息，主动采用一定的策略去控制作用力，称为主动柔顺，如图 4-2a 所示。例如当操作机将一个柱销装进某个零件的圆孔时，若柱销轴和孔轴不对准，无论机器人怎样用力也无法将柱销装入孔内。若采用力反馈或组合反馈控制系统，带动柱销转动至某个角度，使柱销轴和孔轴对准，这种技术就称为主动柔顺技术。

如果机器人凭借辅助的柔顺机构在与环境接触时能够对外部作用力自然地顺从，就称为被动柔顺，如图 4-2b 所示。对于与图 4-2a 相同的任务，若不采用反馈控制，也可通过操作机终端机械结构的变形来适应操作过程中遇到的阻力。在图 4-2b 中，在柱销与操作机之间设有类似弹簧之类的机械结构。当柱销插入孔内而遇到阻力时，弹簧系统就会产生变形，使阻力减小，以使柱销轴与孔轴重合，保证柱销顺利地插入孔内。由于被动柔顺控制存在各种不足，主动柔顺控制（力控制）逐渐成为主流。

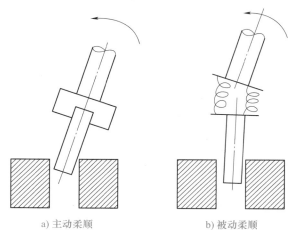

a) 主动柔顺　　　　　b) 被动柔顺

图 4-2　主动柔顺与被动柔顺示意图

（4）智能控制方式　在不确定或未知条件下作业，机器人需要通过传感器获得周围环境的信息，根据自己内部的知识库做出决策，进而对各执行机构进行控制，自主完成给定任务。若采用智能控制技术，机器人会具有较强的环境适应性及自学习能力。智能控制方法与人工神经网络、模糊算法、遗传算法、专家系统等人工智能的发展密切相关。这部分内容请参阅相关文献。

4.1.4　工业机器人控制系统的组成

工业机器人控制系统主要由以下几部分组成。

（1）控制计算机　它是控制系统的调度指挥机构，一般为微型机和可编程逻辑控制器（PLC）。

（2）示教编程器　示教机器人的工作轨迹、参数设定和所有人机交互操作拥有自己独立的 CPU 及存储单元，与主计算机之间以串行通信方式实现信息交互。

（3）操作面板　操作面板由各种操作按键和状态指示灯构成，能够完成基本功能操作。

（4）磁盘存储　存储工作程序中的各种信息数据。

（5）数字量和模拟量输入/输出　数字量和模拟量输入/输出是指各种状态和控制命令的输入或输出。

（6）打印机接口　打印机接口用于打印记录需要输出的各种信息。

（7）传感器接口　传感器接口用于信息的自动检测，实现机器人的柔顺控制等。一般为力觉、触觉和视觉传感器。

（8）轴控制器　用于完成机器人各关节位置、速度和加速度控制。

（9）辅助设备控制　用于控制机器人的各种辅助设备，如手爪变位器等。

（10）通信接口　用于实现机器人和其他设备的信息交换，一般有串行接口、并行接口等。

（11）网络接口　网络接口包括 Ethernet 接口和 Fieldbus 接口。

1）Ethernet 接口。可通过以太网实现数台或单台机器人与 PC 的通信，数据传输速率高达 10Mbit/s，可直接在 PC 上用 Windows 库函数进行应用程序编程，支持 TCP/IP 通信协议。通过 Ethernet 接口将数据及程序装入各个机器人控制器中。

2）Fieldbus 接口。Fieldbus 接口支持多种流行的现场总线规格，如 Device net、AB Remote I/O 等。

4.2　工业机器人控制系统的结构

工业机器人的控制系统有三种结构：集中控制、主从控制和分布控制。

（1）集中控制　用一台计算机实现全部控制功能。早期的机器人常采用这种结构。集中式控制系统的优点为：硬件成本较低，便于信息的采集和分析，易于实现系统的最优控制，整体性与协调性较好。其缺点为：缺乏灵活性，一旦出现故障其影响面广。而且由于工业机器人的实时性要求很高，当系统进行大量数据计算时，会降低系统的实时性，系统对多任务的响应能力也会与系统的实时性相冲突；系统连线复杂，也会降低系统的可靠性。

（2）主从控制　采用主、从两级处理器实现系统的全部控制功能。主 CPU 实现管理、坐标变换、轨迹生成和系统自诊断等，从 CPU 实现所有关节的动作控制。主从控制方式实时性较好，适于高精度、高速度控制，但其系统扩展性仍较差，维修困难。

（3）分布控制　分布控制是指将系统分成几个模块，每一个模块有其自己的控制任务和控制策略，各模块之间可以是主从关系，也可以是平等关系。这种控制方式实时性好，易于实现高速、高精度控制，易于扩展，可实现智能控制，是目前流行的方式。其主要思想是"分散控制，集中管理"，即系统对总体目标和任务可以进行综合协调和分配，并通过子系统的协调工作来完成控制任务。在这种结构中，子系统由控制器、不同被控对象或设备构成，各个子系统之间通过网络等相互通信。分布控制结构提供了一个开放、实时、精确的机器人控制系统，分布控制系统常采用两级控制方式。

两级分布控制系统通常由上位机、下位机和网络组成。上位机可以进行不同的轨迹规划和算法控制，下位机用于进行插补细分、控制优化等。上位机和下位机通过通信总线相互协调工作，通信总线可以是 RS232、RS485、EEE488 及 USB 总线等形式。目前，新型的网络集成式全分布控制系统，即现场总线控制系统（Fieldbus Control System，FCS）已经被广泛应用。在机器人系统中引入现场总线技术，更有利于机器人在工业生产环境中的集成。

4.3 工业机器人控制的示教再现

工业机器人有示教功能。示教人员将机器人的运动预先教给机器人。在示教的过程中，机器人控制系统将各关节运动状态参数保存在存储器中。当需要机器人工作时，机器人的控制系统就调用存储器中的各项数据来驱动关节运动，使机器人再现示教的机械手的运动，由此完成要求的作业任务。示教分为集中示教、分离示教、点对点示教、连续轨迹示教。

（1）集中示教　将机器人手部在空间的位姿、速度、动作顺序等参数同时进行示教的方式称为集中示教。示教一次即可生成关节运动的伺服指令。

（2）分离示教　将机器人的手部在空间的位姿、速度等参数分开单独进行示教的方式称为分离示教。它的效果要好于集中示教。

（3）点对点示教　在对用点位（PTP）控制的点焊、搬运机器人进行示教时，可以分开编制程序，并且能进行编辑、修改等工作。但是机器人手部在做曲线运动且位置精度要求较高时，示教点数就会较多，示教时间就会拉长。而且由于在每一个示教点都要停止和起动，因此很难进行速度控制。

（4）连续轨迹示教　在对用连续轨迹（CP）控制的弧焊、喷漆机器人进行示教时，示教操作一旦开始就不能中途停止，必须不间断地进行到底，且在示教过程中很难进行局部的修改。示教时可以是手把手示教，也可通过示教编程器示教。

在示教过程中，机器人关节运动状态的变化被传感器检测到后经过转换送入控制系统，控制系统将这些数据保存在存储器中，作为机械手再现这些运动时所需要的关节运动数据，图4-3所示为机器人控制示教的记忆过程。系统记忆这些数据的速度取决于传感器的检测速度、变换装置的转换速度和控制系统存储器的存储速度。记忆容量取决于控制系统存储器的容量。

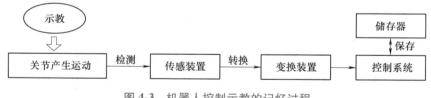

图4-3　机器人控制示教的记忆过程

4.4 工业机器人的运动控制

机器人的运动控制是指机器人手部在空间从一点移动到另一点的过程或沿某一轨迹运动时，对其位姿、速度和加速度等运动参数的控制。在工业机器人控制系统中，控制方法往往取决于机器人的运动轨迹。

机械手的运动路径是机器人位姿的一定序列。路径控制通常只给出机械手的动作起点和终点，有时也给出一些中间的经过点，所有这些点统称为路径点。要注意这些点不仅包括位置，还要包括方向。

运动轨迹是指操作臂在运动过程中的位移、速度和加速度。轨迹控制就是控制机器人手端沿着一定的目标轨迹运动。轨迹控制通常根据机械手完成的任务而定，但是必须按照一定的采样间隔，通过逆运动学计算，在关节空间中寻找光滑函数来拟合这些离散点。

总之，运动控制的任务就是根据给定的路径点，规划出通过这些点的光滑的运动轨迹。轨迹规划方法一般是在机器人初始位置和目标位置之间用多项式函数来"逼近"给定的路径，并产生一系列"控制设定点"。路径端点一般是在笛卡儿坐标系中给出的，如果需要某些位置的关节坐标，则可调用运动学的逆问题求解程序以进行必要的转换。因此，目标轨迹的给定方法和如何控制机器人手臂使之高精度地跟踪目标是轨迹控制的两个主要内容。

根据机器人作业任务中要求的手部运动，先通过运动学逆解和数学插补运算得到机器人各个关节运动的位移、速度和加速度，再根据动力学正解得到各个关节的驱动力（矩）。机器人控制系统根据运算得到的关节运动状态参数控制驱动装置，驱动各个关节产生运动，从而合成手在空间的运动，由此完成要求的作业任务。轨迹规划的过程有：

1）对机器人的任务、运动路径和轨迹进行描述。

2）根据已经确定的轨迹参数，在计算机上模拟所要求的轨迹。

3）对轨迹进行实际计算，即在运行时间内按一定的速率计算出位置、速度和加速度，从而生成运动轨迹。

在规划中，不仅要规定机器人的起点和终点，而且要给出各中间点（路径点）的位姿及路径点之间的时间分配，即给出相邻两个路径点之间的运动时间。轨迹规划既可在关节空间，也可在直角空间中进行，但是作为规划的轨迹函数都必须连续和平滑，使得操作臂的运动平稳。

本 章 小 结

工业机器人的控制系统是机器人的大脑，是决定机器人基本功能和技术性能的主要因素。工业机器人控制技术就是要控制工业机器人在工作空间中的运动位置、姿态和轨迹、操作顺序及动作的时间等。多数机器人的结构是一个空间开链结构，各个关节的运动是相互独立的。为了实现机器人末端执行器的正确运动，需要多关节的协调。因此，机器人控制系统与普通的控制系统相比较要复杂一些。

机器人控制系统通过控制操作机来完成特定的工作任务，主要有示教再现、坐标设置、与外围设备的联系和位置伺服等功能。

工业机器人控制方式是由工业机器人所执行的任务决定的。按运动控制方式的不同可以将机器人控制分为位置控制、速度控制、力控制（包括位置/力混合控制）三类。工业机器人控制系统有集中控制、主从控制和分布控制三种结构。工业机器人的示教方式分为集中示教、分离示教、点对点示教、连续轨迹控制方式。

机器人的运动控制是指机器人手部在空间从一点移动到另一点的过程或沿某一轨迹运动时，对其位姿、速度和加速度等运动参数的控制。

思考与练习题

1. 简述工业机器人控制系统的特点。

2. 简述工业机器人控制系统的功能。

3. 工业机器人控制系统有哪几种控制方式？

4. 简述集中控制、主从控制和分布控制的特点。

5.1 ABB 工业机器人的分类和型号

ABB 集团是全球领先的工业机器人技术供应商，提供从机器人本体、软件、外围设备、模块化制造单元、系统集成到客户服务的完整产品组合。ABB 工业机器人为焊接、搬运、装配、涂装、机加工、捡拾、包装、码垛、上下料等应用提供全面支持，广泛服务于汽车、电子产品、食品饮料、金属加工、塑料橡胶、机床等行业。下面介绍 ABB 工业机器人的分类和型号。

5.1.1 ABB 工业机器人的分类

1. 直角坐标机器人

直角坐标机器人一般有 2~3 个自由度，每个运动自由度之间的空间夹角为直角，如图 5-1 所示。它的运动基本都是自动控制、可重复编程的，所有的运动均按程序运行。一般由控制系统、驱动系统、机械系统、操作工具等组成。具有高可靠性、高速度、高精度。可长期应用于恶劣的环境，便于操作维修。

2. 平面关节型机器人

平面关节型机器人又称为 SCARA 型机器人，是圆柱坐标机器人的一种形式。SCARA

图 5-1　直角坐标机器人

机器人有 3 个旋转关节，其轴线相互平行，在平面内进行定位和定向。另一个关节是移动关节，用于完成末端件在垂直于平面的运动。它的精度高，有较大动作范围，具有坐标计算简单，结构轻便，响应速度快的优点。但是负载较小，因此主要用于电子、分拣等领域。

SCARA 系统在 x 和 y 方向上具有顺从性，而在 z 轴方向具有良好的刚度，此特性非常适合于装配工作。SCARA 的另一个特点是其串接的两杆结构类似人的手臂，可以伸进有限空间中作业然后收回，适合于搬动和取放物件，如集成电路板等。图 5-2 所示为一款 ABB 平面关节型机器人。

3. 并联机器人

并联机器人又称 Delta 机器人，具有高速、轻载的特点，一般通过示教编程或视觉系统捕捉目标物体，由三个并联的伺服轴确定抓具中心（TCP）的空间位置，实现对目标物体的运输、加工等操作。Delta 机器人主要应用于食品、药品和电子产品等的加工和装配。Delta机器人以其质量轻、体积小、运动速度快、定位精确、成本低、效率高等特点，应用广泛。

Delta 机器人是典型的空间三自由度并联机构，整体结构精密、紧凑，驱动部分均放置于固定平台，如图 5-3 所示。这些特点使它具有如下特性：

1）承载能力强、刚度大、自重负荷比小、动态性能好。

2）并行三自由度机械臂结构，重复定位精度高。

3）超高速拾取物品，1s 多个节拍。

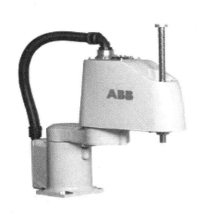

图 5-2　平面关节型机器人

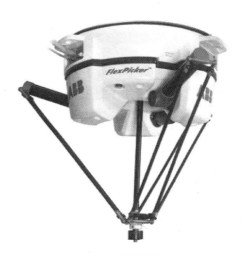

图 5-3　并联机器人

4. 串联机器人

串联机器人一般拥有 5 个或 6 个旋转轴，类似于人类的手臂。应用领域有装货、卸货、喷漆、表面处理、弧焊、点焊、包装、装配、切削机床、特种装配操作、锻造、铸造等。

串联机器人由于具有较多自由度，适合于几乎任何轨迹或角度的工作。可以通过自由编程完成全自动化的工作，提高了生产效率。串联机器人如图 5-4 所示。

5. 协作机器人

在工业机器人逐渐取代单调、重复性高、危险性强的工作之时，协作机器人也慢慢渗透到各个工业领域与人共同工作。这将引领一个全新的机器人与人协同工作时代的来临。当需要协助型的工业机器人配合人来完成工作任务的，它比传统型工业机器人的全自动化工作站具有更好的柔性和成本优势。协作机器人如图 5-5 所示。

5.1.2　ABB 工业机器人的部分型号产品

1. IRB 120

ABB 迄今最小的多用途机器人 IRB 120（图 5-6）仅重 25kg，荷重 3kg（垂直腕为 4kg），工作范围达 580mm，其主要参数见表 5-1。

图 5-4　串联机器人

图 5-5　协作机器人

表 5-1　IRB 120 机器人主要参数

型号	到达范围/m	承重能力/kg
IRB120-3/0.6	0.58	3（4）
IRB120T	0.58	3

2. IRB 1200

IRB 1200（图 5-7）能够满足物料搬运和上下料环节对柔性、节拍、易用性及紧凑性的各项要求，能够在狭小空间内发挥其性能的优势。两次动作间移动距离短，既可以缩短节拍时间，又有利于工作站体积的最小化，其主要参数见表 5-2。

图 5-6　IRB 120 机器人

图 5-7　IRB 1200 机器人

表 5-2　IRB 1200 机器人主要参数

型号	到达范围/m	承重能力/kg
IRB 1200-7/0.7	0.7	7
IRB 1200-5/0.9	0.9	5

3. IRB 140

IRB 140 机器人（图 5-8）具有正常运行时间长、操作周期时间短、零件生产质量稳定、功率大、适合恶劣生产环境、易于柔性化集成和生产等特点，其主要参数见表 5-3。

表 5-3　IRB 140 机器人主要参数

型号	到达范围/m	承重能力/kg
IRB 140	0.81	6
IRB 140T	0.81	6

4. IRB 1410

IRB 1410 机器人（图 5-9）在弧焊、物料搬运和过程应用领域具有优势。具有坚固耐用、准确性高、高速等特点，其主要参数见表 5-4。

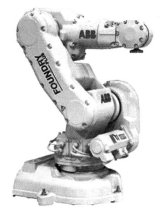

图 5-8　IRB 140 机器人

图 5-9　IRB 1410 机器人

表 5-4　IRB 1410 机器人主要参数

型号	到达范围/m	承重能力/kg
IRB 1410	1.44	5

5. IRB 1520ID

IRB 1520ID（图 5-10）是一款高精度中空臂弧焊机器人，能够实现连续不间断生产，与同类产品相比焊接单位成本最低，其主要参数见表 5-5。

表 5-5　IRB 1520ID 机器人主要参数

型号	到达范围/m	承重能力/kg
IRB 1520ID	1.50	4

6. IRB 1600

在优化速度和精度时，往往会造成性能的损失。但 ABB 的 IRB 1600 机器人（图 5-11）大大缩短了工作周期，同时不降低工件质量。最高承重可达 10kg，其主要参数见表 5-6。

图 5-10　IRB 1520ID 机器人

图 5-11　IRB 1600 机器人

表 5-6　IRB 1600 机器人主要参数

型号	到达范围/m	承重能力/kg
IRB 1600-6／1.2	1.2	6
IRB 1600-6／1.45	1.45	6
IRB 1600-10／1.2	1.2	10
IRB 1600-10／1.45	1.45	10

7. IRB 1600ID

这是一款专业弧焊机器人。IRB 1600ID 机器人（图 5-12）采用集成式配套设计，所有电缆和软管均内嵌于机器人上臂，是弧焊应用的理想选择，其主要参数见表 5-7。

8. IRB 2400

IRB 2400 机器人（图 5-13）有多种不同版本，拥有极高的作业精度，在物料搬运、机械管理和过程应用等方面均有出色表现，其主要参数见表 5-8。

图 5-12　IRB 1600ID 机器人

图 5-13　IRB 2400 机器人

表 5-7　IRB 1600ID 机器人主要参数

型号	到达范围/m	承重能力/kg
IRB 1600ID-4/1.5	1.50	4

表 5-8　IRB 2400 机器人主要参数

型号	到达范围/m	承重能力/kg
IRB 2400/10	1.5	12
IRB 2400/16	1.5	20

9. IRB 260

IRB 260 机器人（图 5-14）是一款包装机器人。它机身小巧，能集成于紧凑型包装机械中，又能满足在到达距离和有效载荷方面的要求。配以 ABB 运动控制和跟踪性能，该机器人非常适合应用于柔性包装系统，主要参数见表 5-9。

表 5-9　IRB 260 机器人主要参数

型号	到达范围/m	承重能力/kg
IRB 260	1.53	30

10. IRB 2600

IRB 2600 机器人（图 5-15）包含 3 款子型号，荷重从 12kg 到 20kg，该类机器人能提高上下料、物料搬运、弧焊以及其他加工应用的生产能力，其主要参数见表 5-10。

图 5-14　IRB 260 机器人

图 5-15　IRB 2600 机器人

表 5-10　IRB 2600 机器人主要参数

型号	到达范围/m	承重能力/kg
IRB 2600-12/1.65	1.65	12
IRB 2600-20/1.65	1.65	20
IRB 2600-12/1.85	1.85	12

11. IRB 360

IRB 360 是并联型机器人（图 5-16）。ABB 的 IRB 360 FlexPicker 拾料和包装技术具有灵活性高、占地面积小、精度高和负载大等优势，其主要参数见表 5-11。

表 5-11　IRB 360 机器人主要参数

型号	到达范围/m	承重能力/kg
IRB 360-1/800	0.8	1
IRB 360-1/1130	1.13	1
IRB 360-3/1130	1.13	3
IRB 360-1/1600	1.60	1
IRB 360-8/1130	1.13	8

12. IRB 460

荷重 110kg 的紧凑型 4 轴机器人 IRB 460（图 5-17）是 ABB 推出的码垛产品。IRB 460 的操作节拍最高可达 2190 次循环/h，该机器人到达距离为 2.4m，其主要参数见表 5-12。

图 5-16　IRB 360 机器人

图 5-17　IRB 460 机器人

表 5-12　IRB 460 机器人主要参数

型号	到达范围/m	承重能力/kg
IRB 460	2.40	110

13. IRB 6620 LX

IRB 6620LX（图 5-18）是一款直线轴工业机器人。IRB 6620LX 机器人融合了直线轴机器人和多关节型机器人的各种优点，是载荷 150kg 的 6 轴机器人。主要应用于机器管理、物料搬运、动力传动系组装、重型弧焊、研磨和黏合，其主要参数见表 5-13。

表 5-13　IRB 6620 LX 机器人主要参数

型号	到达范围/m	承重能力/kg
IRB 6620LX	1.9	150

14. IRB 6700

IRB 6700 机器人（图 5-19）系列是 ABB 的大型机器人，在技术上做了多项改进和提升。IRB 6700 不仅在精确度、负载能力和速度方面有所改进，同时功耗降低了 15%，且可维修性得到提升。同时，IRB 6700 平均故障间隔时间达到 400000h，其主要参数见表 5-14。

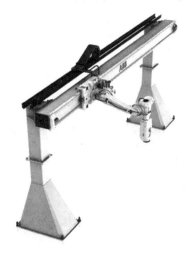

图 5-18　IRB 6620 LX 机器人

图 5-19　IRB 6700 机器人

表 5-14　IRB 6700 机器人主要参数

型号	到达范围/m	承重能力/kg
IRB 6700-300	2.70	300
IRB 6700-245	3.00	245
IRB 6700-235	2.65	235
IRB 6700-205	2.80	205
IRB 6700-200	2.60	200
IRB 6700-175	3.05	175
IRB 6700-155	2.85	155
IRB 6700-150	3.20	150

15. IRB 7600

IRB 7600 是一款大功率机器人，该机器人有多种版本，最大承重能力高达 650kg。IRB 7600（图 5-20）适用于各行业重载场合，具有大转矩、大惯性、刚性结构好、加速性能优良等特性，其主要参数见表 5-15。

表 5-15　IRB 7600 机器人主要参数

型号	到达范围/m	承重能力/kg
IRB 7600-500	2.55	500
IRB 7600-400	2.55	400
IRB 7600-340	2.80	340
IRB 7600-325	3.10	325
IRB 7600-150	3.50	150

16. IRB 910SC

IRB 910SC（SCARA）是一款快速、高效的平面单关节型机器人（图5-21），主要应用于小部件装配、材料处理和质检等，其主要参数见表5-16。

图5-20　IRB 7600 机器人

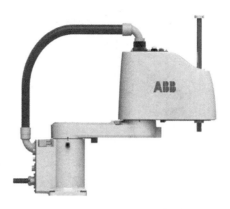

图5-21　IRB 910SC 机器人

表5-16　IRB 910SC 机器人主要参数

型号	到达范围/m	承重能力/kg
IRB 910SC-3/ 0.45	0.45	6
IRB 910SC-3/ 0.55	0.55	6
IRB 910SC-3/ 0.65	0.65	6

17. IRB 14000 YuMi

IRB 14000 YuMi 是一款新型协作机器人（图5-22），具有双手、送料系统和成像系统。双手臂机器人可以应用于小件搬运、小件装配。例如在小零件组装时，人和机器人可以并肩工作，其主要参数见表5-17。

表5-17　IRB 14000 YuMi 机器人主要参数

型号	到达范围/m	承重能力/kg
IRB 14000-0.5/0.5	0.5	0.5

18. IRB 5500

IRB 5500 是一款壁挂式 FlexPainter IRB 5500 机器人（图5-23）。只需要两台 FlexPainter IRB 5500 机器人即可胜任通常需要4台机器人才能完成的喷涂任务，而且换色过程中的涂料损耗接近于零，是小批量喷涂和多色喷涂的最佳解决方案。其主要参数见表5-18。

表5-18　IRB 5500 机器人主要参数

型号	到达范围/m	承重能力/kg
IRB 5500	2.97	13

19. IRB 580

IRB 580（图 5-24）是高柔性、高精度、高成本效益的喷涂机器人，其主要参数见表 5-19。

图 5-22　IRB 14000 YuMi 机器人　　　图 5-23　IRB 5500 机器人　　　图 5-24　IRB 580 机器人

表 5-19　IRB 580 机器人主要参数

型号	到达范围/m	承重能力/kg
IRB 580	2. 17	10

5.2　ABB 工业机器人的硬件连接

5.2.1　ABB 工业机器人本体

1. 基本说明

虽然工业机器人的形态各异，但其本体都是由若干关节和连杆通过不同的结构设计和机械连接所组成的机械装置。

在工业机器人中，水平串联 SCARA 结构的机器人多用于 3C 电子行业的电子元器件安装和搬运作业，并联结构的机器人多用于电工电子、食品药品等行业的装配和搬运。这两种结构的机器人大多属于高速、轻载工业机器人，其规格相对较少。机械传动系统以同步带（水平串联 SCARA 结构）和摆动（并联结构）为主，形式单一，维修、调整较容易。

垂直串联（Vertical Articulated）是工业机器人最典型的结构，它被广泛用于加工、搬运、装配、包装机器人。垂直串联工业机器人的形式多样、结构复杂，维修、调整相对困难。本章将以此为重点，介绍工业机器人的机械结构及维修方法。

垂直串联结构机器人的各个关节和连杆依次串联，机器人的每一个自由度都需要由一台伺服电动机驱动。因此，如将机器人的本体结构进行分解，它便是由若干台伺服电动机经过减速器减速后驱动运动部件的机械运动机构的叠加和组合。

2. 基本结构

常用的小规格、轻量级垂直串联 6 轴关节型工业机器人的外形结构如图 5-25 所示。这种结构机器人的所有伺服驱动电动机、减速器及其他机械传动部件均安装于内部，机器人外形简洁、防护性能好，机械传动结构简单、传动链短、传动精度高、刚性好。因此被广泛用于中小型加工、搬运、装配、包装，是小规格、轻量级工业机器人的典型结构。

图 5-25　垂直串联机器人的外形结构

机器人本体的内部结构如图 5-26 所示，机器人的运动主要包括整体回转（腰关节）、下臂摆动（肩关节）、上臂摆动（肘关节）及手腕运动。

机器人每一关节的运动都需要由相应的电动机驱动，交流伺服电动机是目前工业机器人最常用的驱动电动机。交流伺服电动机是一种用于机电一体化设备控制的通用电动机，具有恒转矩输出特性，小功率的最高转速一般为 $3000 \sim 6000 \mathrm{r/min}$，额定输出转矩通常在 $30 \mathrm{N \cdot m}$ 以下。然而，机器人的关节回转和摆动的负载一般惯量大，最大回转速度低（通常为 $25 \sim 100 \mathrm{r/min}$），加减速时的最大输出转矩（动载荷）需要达到几百甚至几万牛米，所以要求驱动系统具有低速、大转矩输出特性。因此在机器人上几乎所有轴的伺服驱动电动机都配套结构紧凑、传动效率高、减速比大、承载能力强的 RV 减速器或谐波减速器，以降低转速和提高输出转矩。

由此可见减速器是机器人的核心部件，图 5-26 所示的 6 轴机器人上，每一个驱动轴都安装有 1 套减速器。

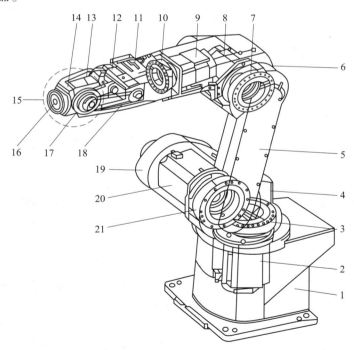

图 5-26　垂直串联机器人的内部结构

1—基座　2、8、9、12、13、20—伺服驱动电动机　3、7、10、14、17、21—减速器　4—腰关节
5—下臂　6—肘关节　11—上臂　15—腕关节　16—连接法兰
18—同步带　19—肩关节

在图 5-26 所示的机器人上,手部回转伺服驱动电动机 13 和减速器 14 直接安装在手部工具连接法兰 16 的后侧,这种结构传动简单、直接,但它会增加手部的体积和质量,并影响手的灵活性。因此,目前已较多地采用手部回转驱动电动机和减速器安装在上臂内部,然后通过同步带、伞齿轮等传动部件传送至手部的结构形式。

3. 主要特点

图 5-26 所示的机器人,其所有关节的伺服电动机、减速器等驱动部件都安装在各自的回转或摆动部位,除腕弯曲摆动使用了同步带外,其他关节的驱动均无中间传动部件,故称为直接传动结构。

直接传动的机器人,传动系统结构简单、层次清晰,各关节无相互牵连。它不但可简化本体的机械结构、减少零部件、降低生产制造成本、方便安装调试,而且还可缩短传动链,避免中间传动部件间隙对系统刚度、精度的影响。此外,由于机器人的所有驱动电动机、减速器都安装在本体内部,使得机器人的外形简洁,整体防护性能好,安装运输也非常方便。

但是,机器人采用直接传动也存在明显的缺点。首先,由于驱动电动机、减速器都需要安装在关节部位,就要求手腕、手臂内部需要有足够的安装空间,关节的外形、质量必然较大,导致机器人的上臂质量大、整体重心高,不利于高速运动。其次,由于后置关节的驱动部件需要跟随前置关节一起运动,例如,腕弯曲时,图 5-26 中的驱动电动机 12 需要带动手部回转驱动电动机 13 和减速器 14 一起运动;腕回转时,驱动电动机 9 需要带动腕部弯曲驱动电动机 12 和减速器 17 以及手部回转驱动电动机 13 和减速器 14 一起运动等。

为了保证手腕、上臂等构件有足够的刚性,其运动部件的质量和惯性必然较大,加重了驱动电动机及减速器的负载。同时,因为机器人的内部空间小、散热条件差,它又限制了驱动电动机和减速器的规格,加上电动机和减速器的检测、维修、保养均较困难,因此,它一般用于承载能力 10kg 以下,作业范围 1m 以内的小规格轻量级机器人。

5.2.2 其他常见机构

1. 连杆驱动结构

用于大型零件重载搬运、码垛的机器人,由于负载的质量和惯性大,驱动系统必须能提供足够大的输出转矩,才能驱动机器人运动,故需要配套大规格的伺服驱动电动机和减速器。此外,为了保证机器人运动稳定、可靠,就需要降低重心、增强结构稳定性,并保证机械结构件有足够的体积和刚性。因此,一般不能采用直接传动结构。

图 5-27 所示为大型、重载搬运和码垛的机器人常用结构。大型机器人的上、下臂和手腕的摆动一般采用平行四边形连杆机构进行驱动,其上、下臂摆动的驱动机构安装在机器人的腰部,手腕弯曲的驱动机构安装在上臂的摆动部位;全部驱动电动机和减速器均为外置;它可以较好地解决上述直接传动结构所存在的传动系统安装空间小、散热差,驱动电动机和减速器检测、维修、保养困难等问题。

采用平行四边形连杆机构驱动,不仅可以加长上、下臂和手腕弯曲的驱动力臂、放大驱动力矩,同时,由于驱动机构安装位置下移,也可降低机器人重心、提高运动稳定性。因此,它较好地解决了直接传动所存在的上臂质量大、重心高,高速运动稳定性差的问题。

由此可见,采用平行四边形连杆机构驱动的机器人刚性好、运动稳定、负载能力强。但是其传动链长、传动间隙较大,定位精度较低。因此,适合于承载能力超过 100kg、定位精度要求不高的大型、重载搬运、码垛作业。

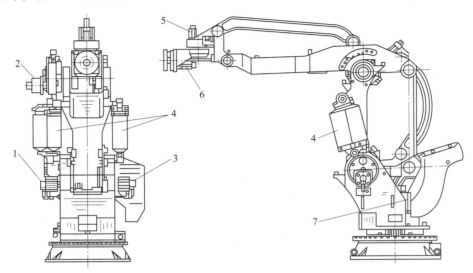

图 5-27　6 轴大型机器人的结构

1—下臂摆动电动机　2—腕弯曲电动机　3—上臂摆动电动机　4—平衡缸　5—腕回转电动机
6—手回转电动机　7—腰部回转电动机

　　平行四边形连杆的运动可直接使用滚珠、丝杠等直线运动部件驱动；为了提高重载稳定
性，机器人的上、下臂通常需要配置液压（或气动）平衡系统。

　　对于作业要求固定的大型机器人，有时也采用图 5-28 所示的 5 轴结构。这种机器人结

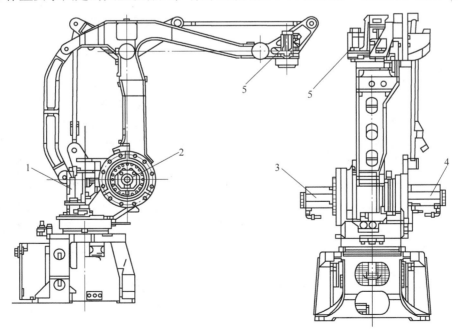

图 5-28　5 轴大型机器人的结构

1—腰部回转电动机　2—下臂摆动电动机　3—上臂摆动电动机　4—腕弯曲电动机　5—手回转电动机

构特点是，除手回转驱动机构外，其他轴的驱动机构全部布置在腰部，因此其稳定性更好。但由于机器人的手腕不能回转，故适合平面搬运、码垛作业。

2. 手腕后驱结构

大型机器人较好地解决了上臂质量大、整体重心高，驱动电动机和减速器安装内部空间小、散热差，检测、维修、保养困难的问题。但机器人的体积大、质量大，特别是上臂和手腕的结构松散。因此，一般只用于作业空间敞开的大型、重载平面搬运、码垛机器人。

为了提高机器人的作业性能，便于在作业空间受限的情况下进行全方位作业，绝大多数机器人都要求其上臂具有紧凑的结构，并能使手腕在上臂整体回转。为此，经常采用图 5-29 所示的手腕驱动电动机后置的结构形式。

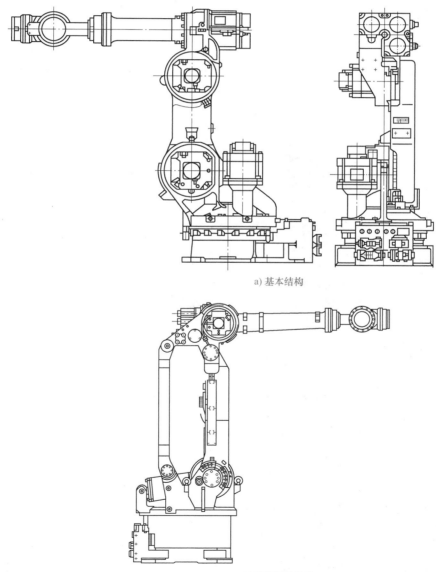

a) 基本结构

b) 连杆驱动结构

图 5-29　手腕后驱机器人的结构

采用手腕驱动电动机后置结构的机器人，其手腕回转、腕弯曲和手回转驱动的伺服电动机全部安装在上臂的后部，驱动电动机通过安装在上臂内部的传动轴，将动力传递至手腕前端。这样不仅解决了直接传动结构所存在的驱动电动机和减速器安装空间小，散热差，及检测、维修、保养困难等问题，而且还可使上臂的结构紧凑、重心后移（下移），上臂的重力平衡性更好，运动更稳定。同时，它又解决了大型机器人上臂和手腕结构松散、手腕不能整体回转等问题，其承载能力同样可满足大型、重载机器人的要求。因此，这也是一种常用的典型结构，被广泛用于加工、搬运、装配、包装等各种用途的作业。

需要指出的是，手腕驱动电动机后置的机器人需要在上臂内部布置手腕回转、腕弯曲和手扭转驱动的传动部件，其内部结构较为复杂。

5.2.3 ABB 工业机器人控制柜

目前，ABB 工业机器人的第五代控制柜为 IRC5。它的运动控制技术、TrueMove 和 QuickMove 是机器人精度、速度、周期时间、可编程性以及与外部设备同步性等机器人性能指标的重要保证。IRC5 第五代机器人控制柜如图 5-30 所示。

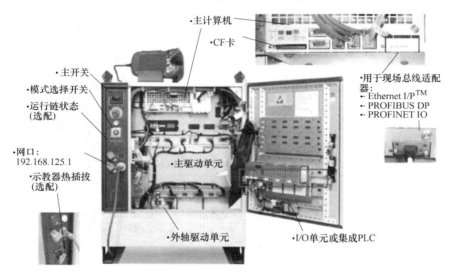

图 5-30 IRC5 第五代机器人控制柜结构

IRC5 控制柜主要包括以下部分：

1）主计算机：相当于 PC 的主机，用于存放系统和数据。

2）驱动单元：用于驱动机器人的各个轴的电动机。

3）I/O 单元：控制单元主板与 I/O 连接设备的连接，控制单元主板与串行主轴及伺服轴的连接。其中，I/O 电源板给 I/O 输入输出板提供电源。

4）开关：控制设备的通电、断电。

5）主线：机器人与控制柜上的动力线，连接电动机、清枪器、焊机等设备。

6）服务器信息块：是一种 IBM 协议，用于在计算机间共享文件、打印机、串口等。一旦连接成功，客户机可发送 SMB 命令到服务器上，从而客户机能够访问共享目录、打开文件、读写文件等。

5.3　ABB 工业机器人的基本操作

5.3.1　示教器的使用

1. 示教器

在示教器上，绝大多数的操作都是在触摸屏上完成的，同时也保留了必要的按钮和操作装置。手持示教器的方法如图 5-31 所示。示教器上保留的按钮和功能主要包括：链接电缆、触摸屏、急停开关、手动操纵摇杆、USB 端口、使能器按钮、触摸屏用笔、示教器复位按钮。

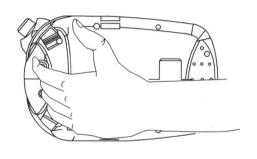

a) 手持示教器的正面图　　　　　　　　　　　　b) 手持示教器的背面图

图 5-31　手持示教器的正确方法

（1）设定示教器的显示语言　示教器出厂时，默认的显示语言是英文。为了方便操作，可以把显示语言设定为中文，步骤如图 5-32~图 5-36 所示。

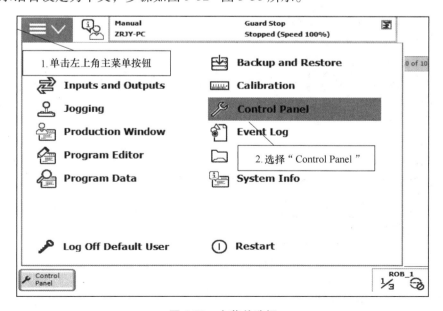

图 5-32　主菜单选择

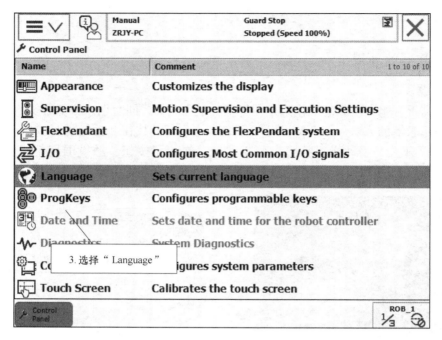

图 5-33　语言选择

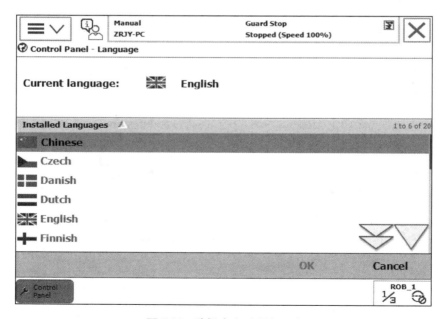

图 5-34　选择中文（Chinese）

1）单击左上角主菜单按钮。

2）选择"Control Panel"。

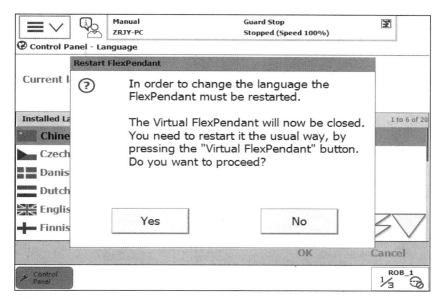

图 5-35 系统重新启动后设置生效

图 5-36 重新启动后系统已经变成中文界面

3) 选择 "Language"。

4) 选择 "Chinese"。

5) 单击 "OK"。

6) 单击 "YES" 后，系统重启。

7) 重启后，单击左上角按钮就能看到菜单已切换成中文界面。

(2) 设定机器人系统的时间 图 5-37~图 5-39 给出了设置机器人系统时间的步骤。

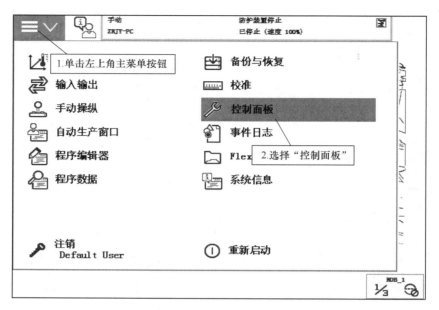

图 5-37 主菜单选择

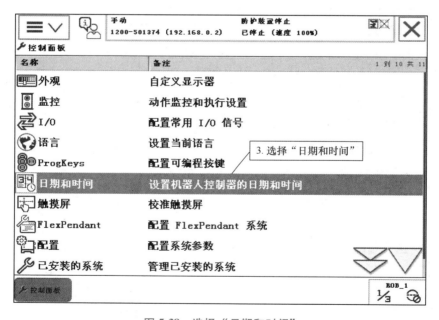

图 5-38 选择"日期和时间"

1）单击左上角主菜单按钮。

2）选择"控制面板"。

3）选择"日期和时间"。

4）在此画面下设定日期和时间。日期和时间修改完成后，单击"确定"按钮。

2. 正确使用使能器按钮

使能器按钮是为保证操作人员人身安全而设置的。只有在按下使能器按钮，并保持在

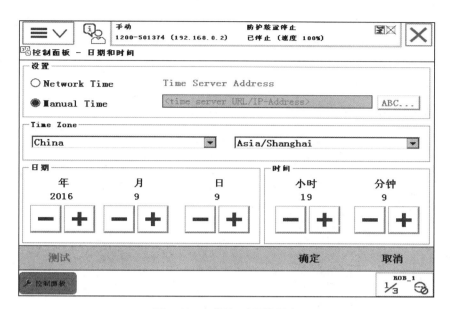

图 5-39 日期和时间的设定

"点击开启"的状态下，才可对机器人进行手动操作与程序的调试。当发生危险时人会本能地将使能器按钮松开或按紧，机器人则会马上停下来，保证安全。图 5-40 所示为手握示教器的示意图。

使能器按钮位于示教器手动操作摇杆的右侧

使能器按钮分为两档，在手动状态下第一档按下去，机器人处于电动机开启状态；第二档按下去以后，机器人就会处于防护装置停止状态，如图 5-41 所示。

3. 示教器事件日志查看

如图 5-42 所示，可以通过示教器画面上的状态栏查看 ABB 机器人常用信息及事件日志。主要有：

操作者用左手的四个手指进行操作

1）机器人的状态（手动、全速手动和自动）。

2）机器人的系统信息。

3）机器人的电动机状态。

4）机器人的程序运行状态。

5）当前机器人或外轴的使用状态。

图 5-40 手握示教器使能按钮的正确方式

5.3.2 系统的备份和恢复设置

定期对 ABB 机器人的数据进行备份，是保证 ABB 机器人正常工作和便于数据查询的良好习惯。ABB 机器人数据备份的对象是所有正在系统内存中运行的 RAPID 程序和系统参数。当机器人系统出现错乱或者重新安装新系统以后，可以通过备份快速地把机器人恢复到备份时的状态。

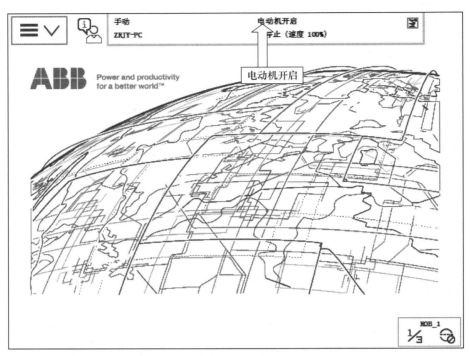

a) 电动机开启状态

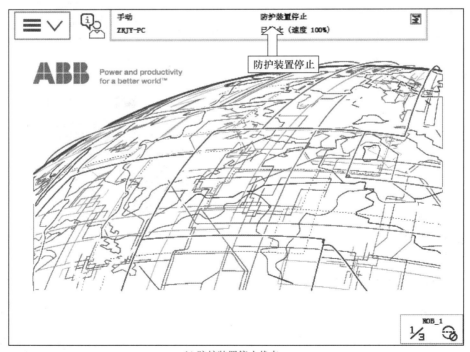

b) 防护装置停止状态

图 5-41　使能器按钮处于不同状态时的显示

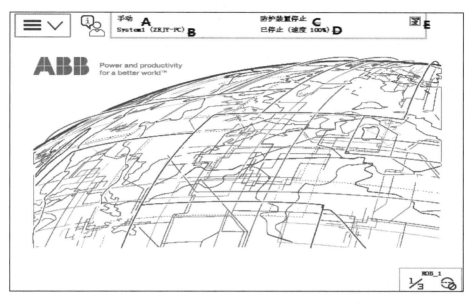

图 5-42　通过状态栏查看事件和日志

1. 对 ABB 机器人数据进行备份的操作

可以通过图 5-43～图 5-45 所示的步骤对数据进行备份。

1）单击左上角主菜单按钮。

2）选择"备份与恢复"。

3）单击"备份当前系统…"。

4）单击"ABC…"按钮，设定备份数据目录的名称。

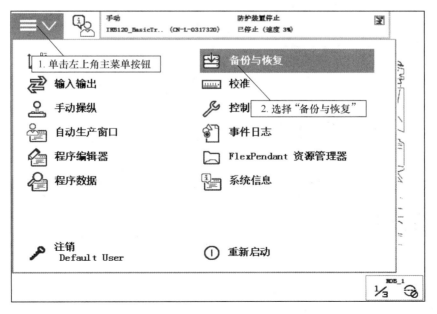

图 5-43　主菜单选择

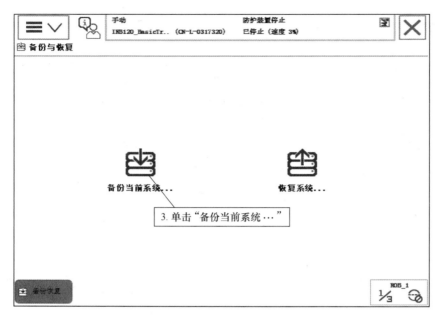

图 5-44 选择"备份当前系统"功能

5）单击"…"按钮，选择备份存放的位置（机器人硬盘或 USB 存储设备）

6）单击"备份"进行备份的操作。

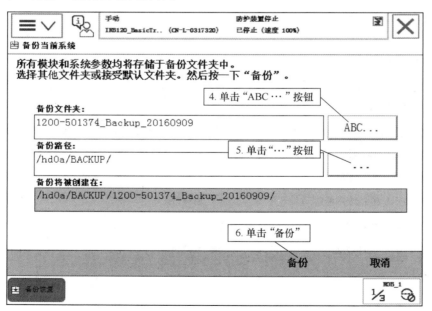

图 5-45 进行数据备份

2. 对 ABB 机器人数据进行恢复的操作

图 5-46~图 5-48 所示为恢复数据的步骤。

1）单击"恢复系统…"。

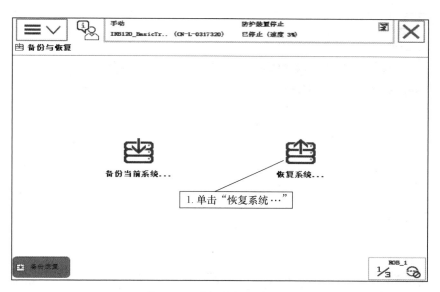

图 5-46　选择恢复系统功能

2）单击"…"，选择备份存放的目录。

3）单击"恢复"。

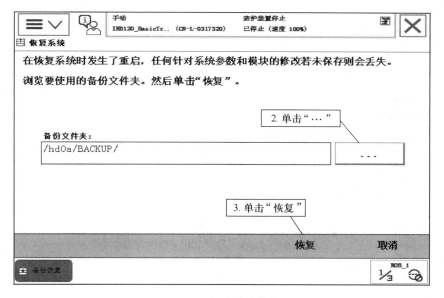

图 5-47　进行"恢复"操作

4）单击"是"。

在进行恢复时，要注意：备份的数据具有唯一性，不能将一台机器人的备份恢复到另一台机器人中去，否则会造成系统故障。

但是，也常会将程序和 I/O 的定义做成通用的，方便批量生产时使用。这时，可以通过分别单独导入程序和 EIO 文件来解决实际的需要。

图 5-48 确认操作

3. 单独导入程序的操作

图 5-49~图 5-51 为利用程序编辑器导入程序的步骤。

1）单击左上角主菜单按钮。

2）选择"程序编辑器"。

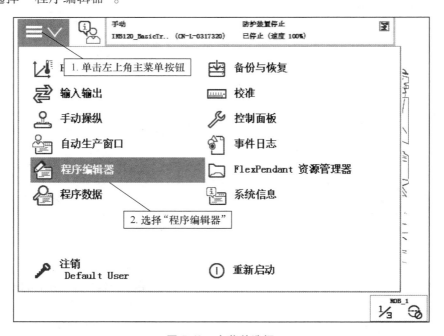

图 5-49 主菜单选择

3）单击"模块"标签。

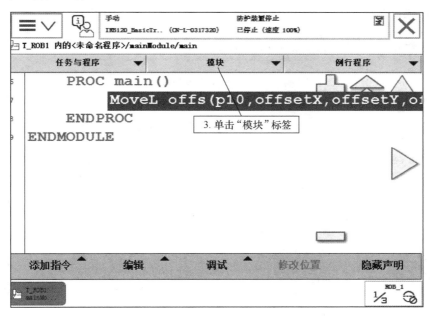

图 5-50　选择"模块"标签

4）打开"文件"菜单，单击"加载模块…"，从"备份目录/RAPID"路径下加载所需要的程序模块。

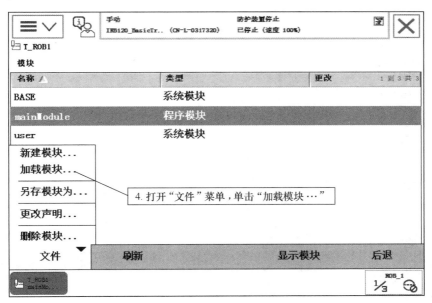

图 5-51　加载需要的程序模块

4. 单独导入 EIO 文件的操作

图 5-52~图 5-57 为导入 EIO 文件的步骤。

1）单击左上角主菜单按钮。

2）选择"控制面板"。

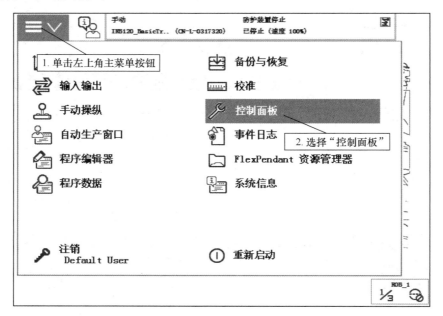

图 5-52　主菜单选择

3）选择"配置"。

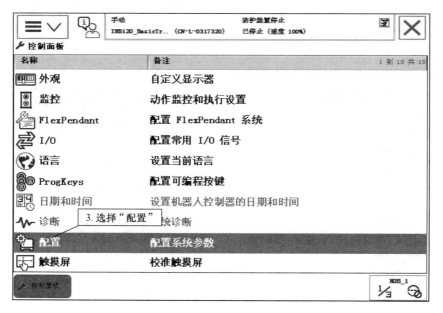

图 5-53　选择"配置"

4）打开"文件"菜单，单击"加载参数"。

图 5-54　加载参数

5）选择"删除现有参数后加载"。

6）单击"加载…"。

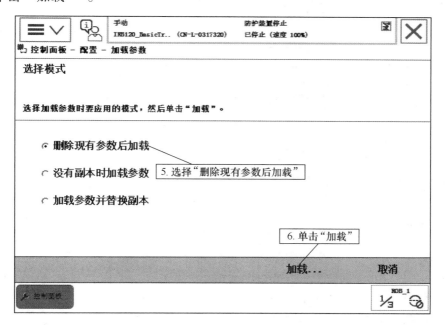

图 5-55　选择模式

7）在"备份目录/SYSPAR"路径下找到 EIO. cfg 文件。

8）单击"确定"。

图 5-56　找到所需文件

9）单击"是"，重启后完成导入。

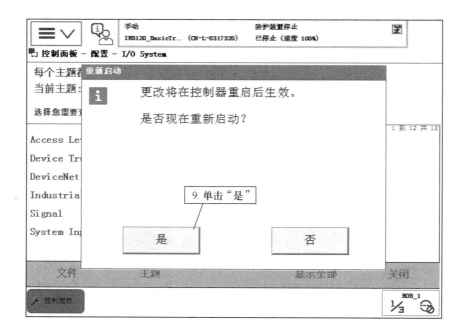

图 5-57　完成导入后重新启动

5.3.3　ABB 工业机器人的手动操作

1. 单轴运动的手动操纵

图 5-58 所示为控制柜上按键的位置和说明。

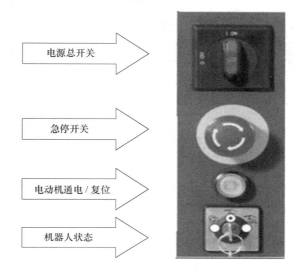

电源总开关

急停开关

电动机通电 / 复位

机器人状态

图 5-58　控制柜上的按钮和功能

图 5-59 所示为通过示教器操纵单轴运动的步骤。

1）如图 5-58 所示，将控制柜上机器人状态钥匙切换到手动限速状态（小手标志）。

2）如图 5-59 所示，在示教器的状态栏中确认机器人的状态已切换为"手动"。

3）单击左上角主菜单按钮。

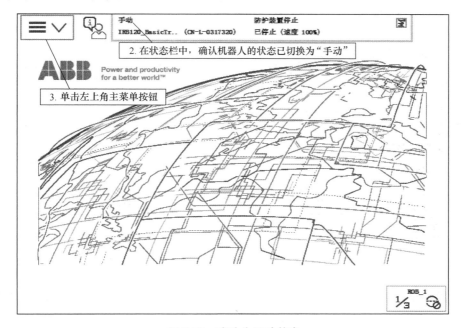

手动　　　　　　　　　　　防护装置停止
IRB120_BasicTr.. (CN-L-0317320)　已停止（速度 100%）

2. 在状态栏中，确认机器人的状态已切换为"手动"

3. 单击左上角主菜单按钮

ABB　Power and productivity for a better world™

ROB_1
1/3

图 5-59　确认为手动状态

4）如图 5-60 所示，选择"手动操纵"。

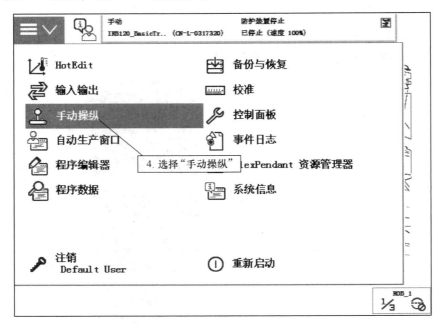

图 5-60 选择"手动操纵"

5）如图 5-61 所示，单击"动作模式"。

图 5-61 单击"动作模式"

6）如图 5-62 所示，选中"轴 1-3"，然后单击"确定"（若选中"轴 4-6"，就可以操纵轴 4-6）。

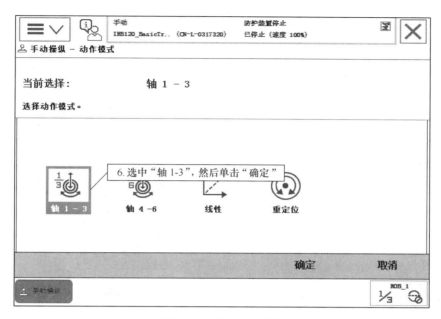

图 5-62　选择控制的轴

7）如图 5-63 所示，用左手按下使能按钮，进入"电动机开启"状态。

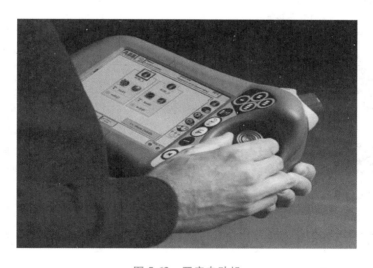

图 5-63　开启电动机

8）如图 5-64 所示，在状态栏中，确认"电动机开启"状态。

9）显示"轴 1-3"的操纵杆方向，箭头代表正方向。

操纵杆的使用是有技巧的。可以将机器人的操纵杆比作汽车的离合器，操纵杆的操纵幅度是与机器人的运动速度相关的。操纵幅度较小，则机器人的运动速度较慢。操纵幅度较大，则机器人运动速度较快。

初学操作时，应该尽量以小幅度操纵使机器人慢慢运动。

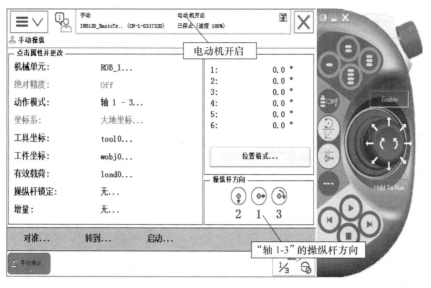

图 5-64　确认电动机当前状态

2. 线性运动的手动操纵

机器人的线性运动是指安装在机器人第六轴法兰盘上工具的 TCP 在空间做线性运动。以下为手动操纵线性运动的方法。

1）如图 5-65 所示，选择"手动操纵"。

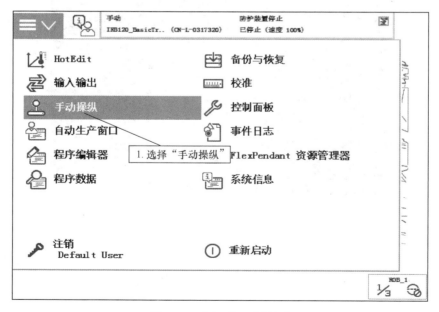

图 5-65　选择"手动操纵"

2）如图 5-66 所示，单击"动作模式"。

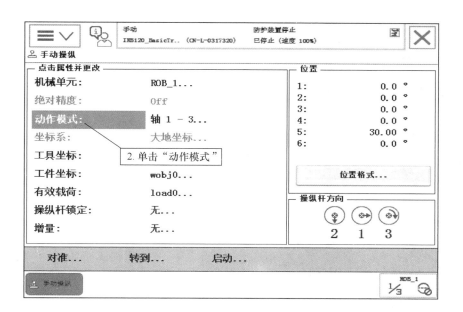

图 5-66　单击"动作模式"

3）如图 5-67 所示，选择"线性"，然后单击"确定"。

图 5-67　选择"线性"

4）如图 5-68 所示，单击"工具坐标"。

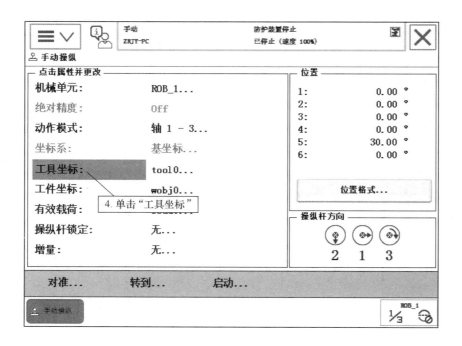

图 5-68 单击"工具坐标"

5）如图 5-69 所示，选中对应的工具"tool1"，然后单击"确定"。

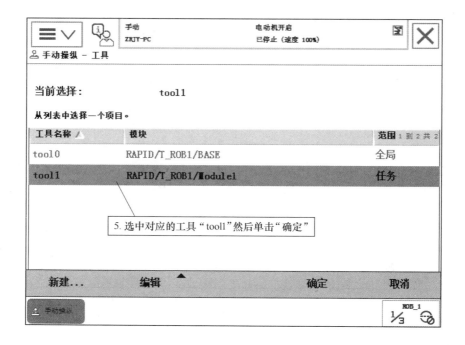

图 5-69 选择工具名称

6）如图 5-70 所示，用左手按下使能按钮，进入"电动机开启"状态。

图 5-70　进入"电动机开启"状态

7）如图 5-71 所示，在状态中，确认"电动机开启"状态。

8）显示轴 X、Y、Z 的操纵杆方向。箭头代表正方向。

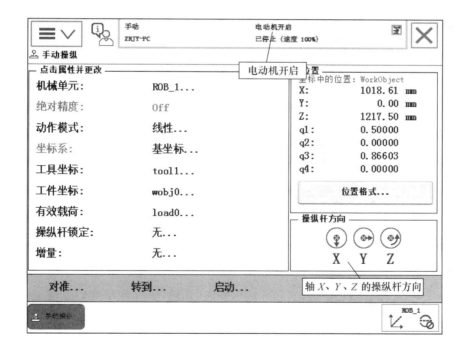

图 5-71　确认电动机状态和机器人各轴正方向

9）如图 5-72 所示，操作示教器上的操纵杆，使工具的 TCP 点在空间做线性运动。

3. 重定位运动的手动操纵

机器人的重定位运动是指机器人第六轴法兰盘上的工具 TCP 点在空间绕着坐标轴旋转

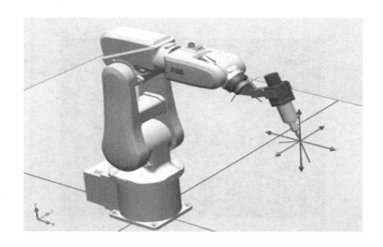

图 5-72 确认机械手末端的工件做线性运动

的运动，也可以理解为机器人绕着工具 TCP 点做姿态调整的运动。以下就是手动操纵重定位运动的方法。

1）如图 5-73 所示，选择"手动操纵"。

图 5-73 选择"手动操纵"

2）如图 5-74 所示，单击"动作模式"。

3）如图 5-75 所示，选择"重定位"，然后单击"确定"。

图 5-74　单击"动作模式"

图 5-75　选择"重定位"

4）如图 5-76 所示，单击"坐标系"。

5）如图 5-77 所示，选择"工具"，然后单击"确定"。

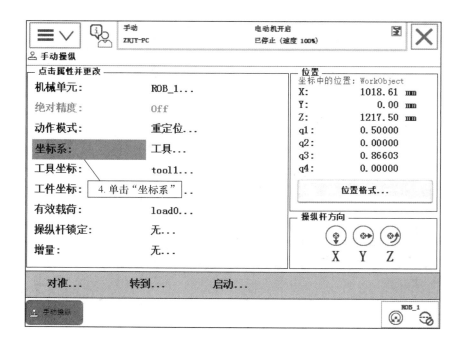

图 5-76　单击"坐标系"

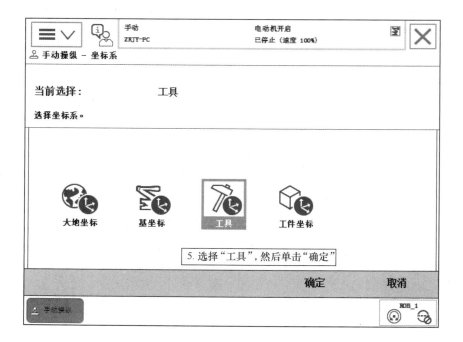

图 5-77　选择"工具"

6）如图 5-78 所示，单击"工具坐标"。

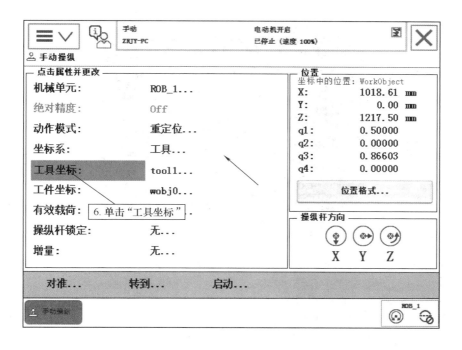

图 5-78　单击"工具坐标"

7）如图 5-79 所示，选中对应的工具"tool1"，然后单击"确定"。

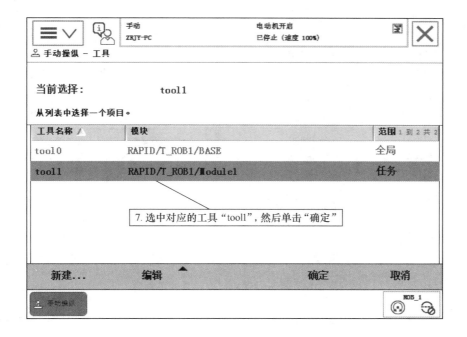

图 5-79　选择对应的工具"tool1"

8）如图 5-80 所示，用左手按下使能按钮，进入"电动机开启"状态

图 5-80 进入"电动机开启"状态

9）在状态中，确认"电动机开启"状态，如图 5-81 所示。

10）显示轴 X、Y、Z 的操纵杆方向。箭头代表正方向。

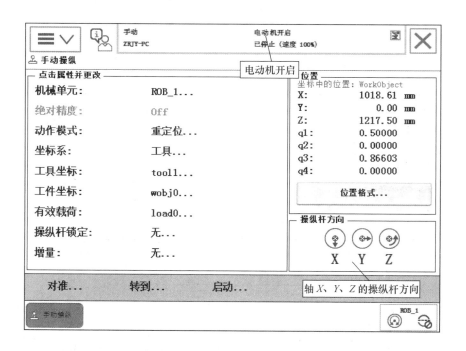

图 5-81 确认电动机状态和各轴正方向

11）操作示教器上的操纵杆，观察机器人绕着工具 TCP 点做姿态调整的运动，如图 5-82 所示。

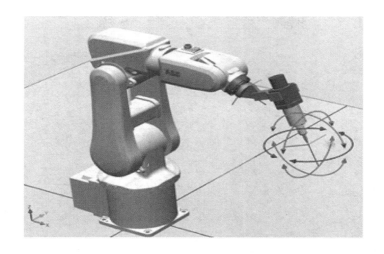

图 5-82　确认机械手的运动

4. 手动操纵的快捷按钮和快捷菜单

如图 5-83 所示，示教器有 A、B、C、D 四个快捷按钮。使用步骤如下。

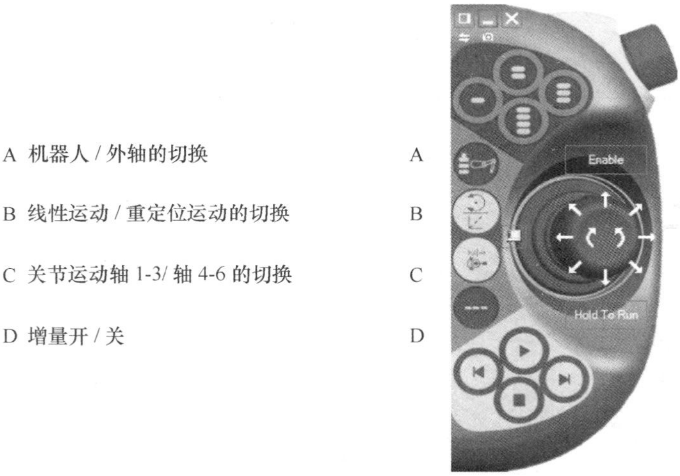

A　机器人 / 外轴的切换　　　　　　　A

B　线性运动 / 重定位运动的切换　　　B

C　关节运动轴 1-3/ 轴 4-6 的切换　　　C

D　增量开 / 关　　　　　　　　　　　D

图 5-83　示教器

1）如图 5-84 所示，单击右下角快捷菜单按钮。

2）如图 5-85 所示，单击"手动操纵"按钮。

3）如图 5-86 所示，单击"显示详情"按钮。

4）单击"增量模式"按钮，选择需要的增量。

5）自定义增量值的方法：选择"用户模块"，然后单击"显示值"进行增量值的自定义，如图 5-87 所示。

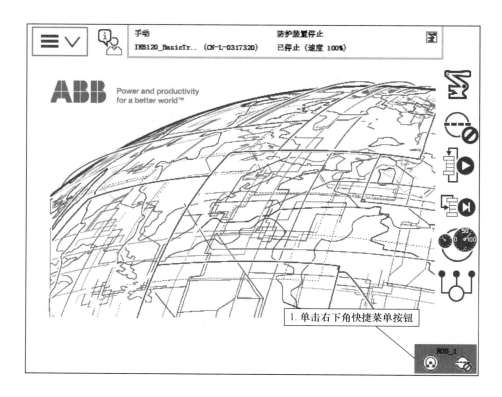

图 5-84 单击快捷键

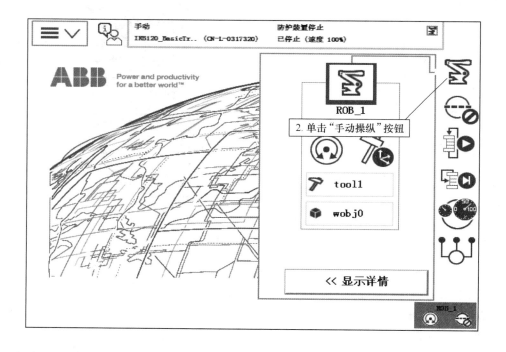

图 5-85 单击"手动操纵"

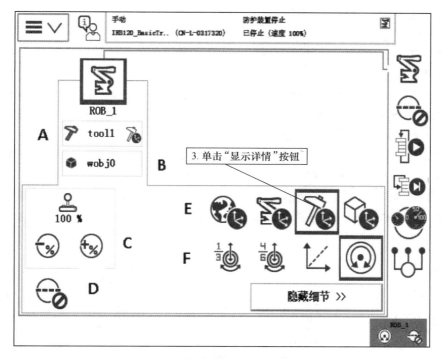

图 5-86　显示当前状态下的详情

A—选择当前使用的工具数据　B—选择当前使用的工件坐标　C—操纵杆速率
D—增量开/关　E—坐标系选择　F—动作模式选择

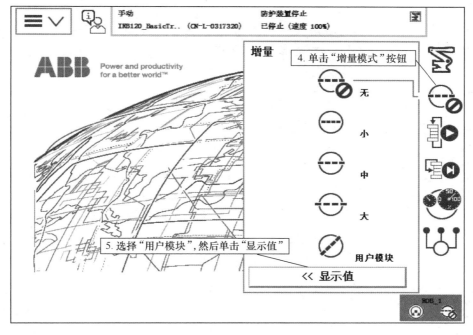

图 5-87　完成模式设置

本 章 小 结

本章讲述了部分 ABB 工业机器人的型号和分类、ABB 工业机器人的硬件连接和 ABB 工业机器人的基本操作。

对 ABB 工业机器人的型号及分类有大致的了解，明确各自的应用领域。ABB 工业机器人的硬件连接主要讲述了 ABB 工业机器人的本体和控制柜。在 ABB 工业机器人的本体方面，虽然工业机器人的形态各异，但其本体都是由若干关节和连杆通过不同的结构设计和机械连接所组成的机械装置，应知道其基本结构与特点，了解其他常见结构。在 ABB 工业机器人控制柜方面，其控制器为 IRC5，要知道第五代机器人控制器的基本构成。

学习 ABB 工业机器人的基本操作，认识示教器，配置必要的操作环境，学习如何拿取示教器并正确使用示教器，学会示教器事件日志的查看。学习对 ABB 机器人数据进行恢复的操作，了解手动操作的几种方式。

思考与练习题

1. 简述 ABB 工业机器人的型号及分类。
2. 简述 IRB 140 型机器人的特点。
3. 简述 ABB 工业机器人的基本结构。
4. ABB 工业机器人的硬件连接中有哪些常见机构？
5. 图 5-88 所示为工业机器人内部结构，各序号分别代表的是什么？

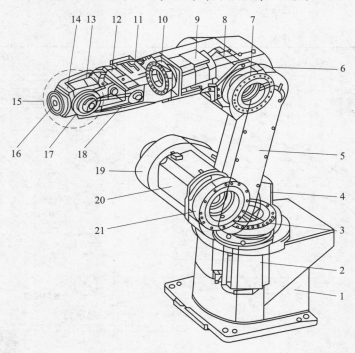

图 5-88　工业机器人内部结构

6. 控制柜由哪些部分组成？

7. 示教器需要配置哪些必要的操作环境?

8. 示教器使能按钮的作用是什么?

9. 简述 ABB 机器人数据进行恢复的操作。

10. 简述手动操作的几种方式。

第6章
工业机器人的虚拟仿真

6.1 工业机器人虚拟仿真软件

机器人虚拟仿真是将虚拟现实技术应用于机器人仿真环境，利用计算机技术在原有的视觉临场感的基础上，增加虚拟场景。换句话说，就是不操作真实的机器人硬件设备，而是利用计算机软件设计的工作场景和建立的机器人模型，进行机器人运动控制的测试和验证。

机器人集高技术设备、高精度传感和高智能算法于一体，因此设计、开发、生产机器人的成本也非常高。如果没有通过计算机虚拟仿真验证就直接生产新机器人产品，有可能在花费大量时间和经费进行检测或试运行后才发现硬件设计上的问题。此时就必须停止现有产品的生产，以对部分部件进行改进，这样就大大消耗了生产时间、人力和资源，增加了成本。

因此，应首先对机器人的工作情况进行虚拟仿真，如验证到达距离及工作区域，以此来检验工作效果，并及时在机器人的设计阶段做出调整。同时，通过机器人虚拟仿真，还可以提高操作者的视觉信息质量，不仅为机器人远程控制系统提供友好的高级人机交互接口，还有助于操作者完成复杂、精密和危险场所的作业。

如上所述，工业自动化的市场竞争日益加剧，客户在生产中要求更高的效率以降低价格、提高质量。工业机器人生产厂家在研发阶段就应该对新部件的可制造性与合理性通过仿真进行检验。在为机器人编程时，离线编程也可与建立机器人应用系统同时进行。

离线编程在实际机器安装前进行，通过可视化及可确认的解决方案和布局来降低风险，并通过创建更加精确的路径来获得更高的部件质量。本书介绍的 RobotStudio 仿真软件采用了 ABB VirtualRobot TM 技术。RobotStudio 是机器人市场上离线编程的领先产品。通过新的编程方法，ABB 正在世界范围内建立机器人编程标准。

在 RobotStudio 中可以实现以下主要功能：

1）CAD 导入。RobotStudio 可轻易地把各种主要的 CAD 数据文件导入，包括 IGES、VRML、VDAFS、ACIS 和 CATIA。通过使用此类非常精确的 3D 模型数据，就可以生成更为精确的机器人程序，从而提高产品质量。

2）自动路径生成。通过使用待加工部件的 CAD 模型，可在短短几分钟内自动生成跟踪曲线所需的机器人位置。如果人工执行此项任务，会需要更长的时间。

3）自动分析伸展能力。这一便捷功能可让操作者灵活地移动机器人或工件，直至所有位置均可到达。可在短短几分钟内验证和优化工作单元布局。

4）碰撞检测。在 RobotStudio 中，可以对机器人在运动过程中是否可能与周边设备发生碰撞进行验证和确认，以确保机器人离线编程得出程序的可用性。

5）在线作业。使用 RobotStudio 与机器人实体进行连接通信，对机器人进行便捷的监控、程序修改、参数设定、文件传送及备份恢复的操作，可以使调试与维护工作更轻松。

6）模拟仿真。根据设计，在 RobotStudio 中进行工业机器人工作站的动作模拟仿真以及设置周期节拍，为工程的实施提供真实的验证。

7）应用功能包。针对不同的应用推出功能强大的工艺功能包，将机器人更好地与工艺应用进行有效融合。

8）二次开发。提供功能强大的二次开发平台，使机器人实现更多的应用，满足机器人的科研与产品开发需要。

6.2　工业机器人仿真软件 RobotStudio 的安装

6.2.1　下载 RobotStudio

1）登录网址：www.robotstudio.com，如图 6-1 所示。

图 6-1　RobotStudio 主页

2）单击图 6-2 所示链接，下载 RobotStudio 软件。

6.2.2　安装 RobotStudio

1）解压下载的压缩包，运行安装程序，安装语言选择"中文（简体）"，如图 6-3 所示。

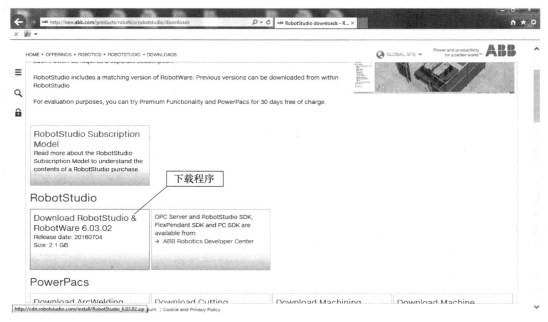

图 6-2　下载软件安装程序

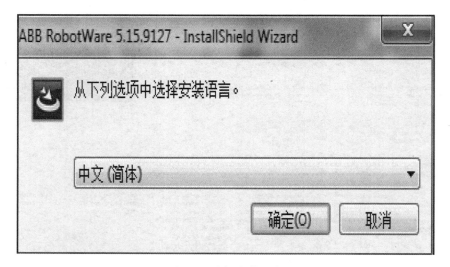

图 6-3　选择安装语言

2）接受相关协议，如图 6-4 所示。

3）建议选择完整安装（Complete），单击"next"按钮，如图 6-5 所示。

4）等待安装过程的结束，如图 6-6 所示。

在完成安装之后，启动 RobotStudio。如图 6-7 所示，在"文件"选项卡中包含新建工作站和机器人控制器解决方案、新建空工作站，以及其他一些 RobotStudio 选项。除"文件"选项卡外，还有"基本""建模""仿真""控制器""RAPID""Add-Ins"功能选项卡，需要时再加以介绍。

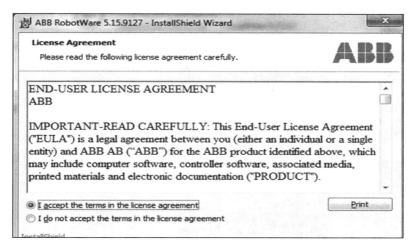

图 6-4　接受相关协议（版权等信息）

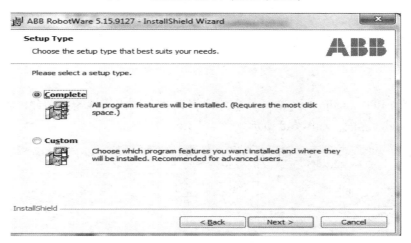

图 6-5　选择安装方式

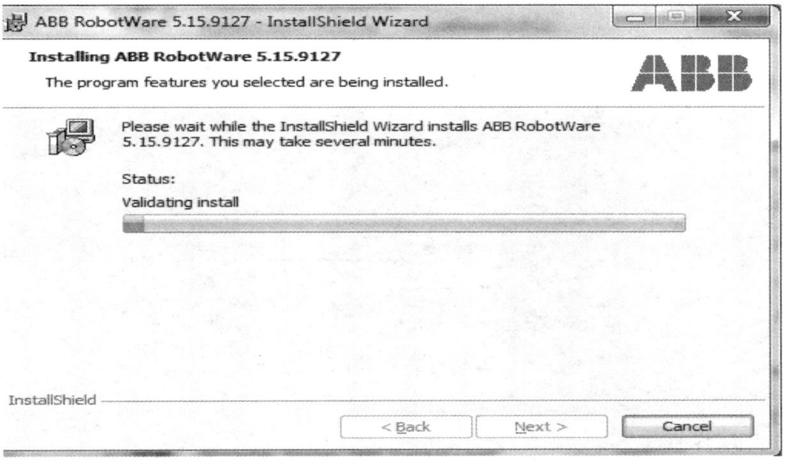

图 6-6　程序安装进行中

图 6-7 "文件"选项卡

刚开始操作 RobotStudio 时，常常会意外地将某些布局或属性窗口关闭。此时可以恢复默认的 RobotStudio 界面，如图 6-8 所示。

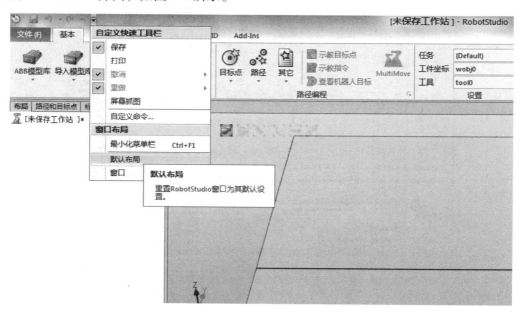

图 6-8 恢复被意外关闭的功能窗口

1）单击此下拉按钮。
2）选择"默认布局"便可以恢复窗口的布局。
3）也可以选择"窗口"，选中所需要的窗口。

6.3　构建仿真工业机器人工作站

基本的工业机器人仿真工作站包括工业机器人及工作对象，如图 6-9 所示。

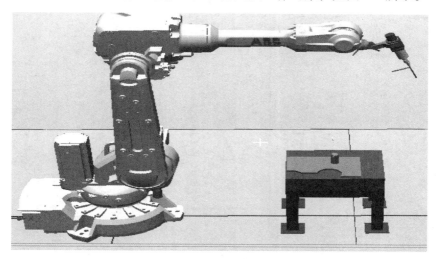

图 6-9　工业机器人及工作对象

6.3.1　导入机器人

1）在"文件"选项卡中，选择"新建"，单击"创建"，创建一个新的工作站，如图 6-10 所示。

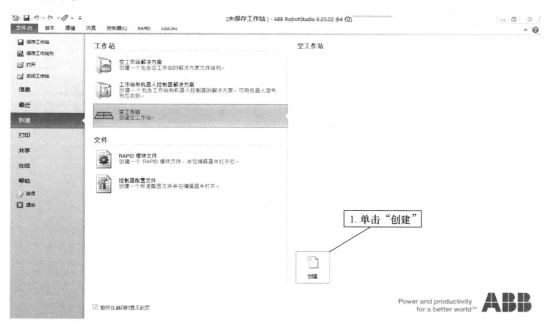

图 6-10　创建一个新的工作站

2）在"基本"选项卡中，打开"ABB 模型库"，选择"IRB2600"，如图 6-11 所示。

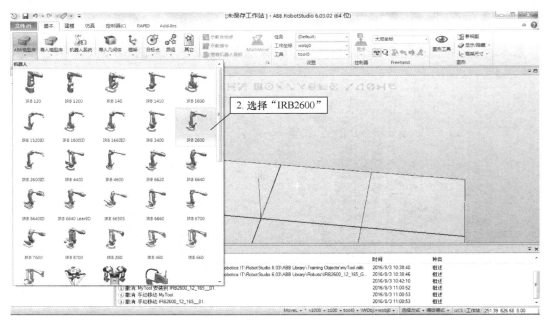

图 6-11　打开"ABB 模型库"，选择"IRB2600"

3）设定好数值，然后单击"确定"，如图 6-12 所示。

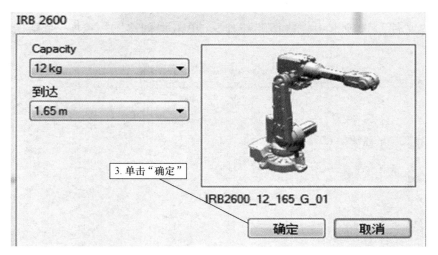

图 6-12　设定数值，单击"确定"

6.3.2　加载机器人的工具

1）在"基本"选项卡里，打开"导入模型库"→"设备"，选择"myTool"，如图 6-13 所示。

2）在"myTool"上按住鼠标左键。

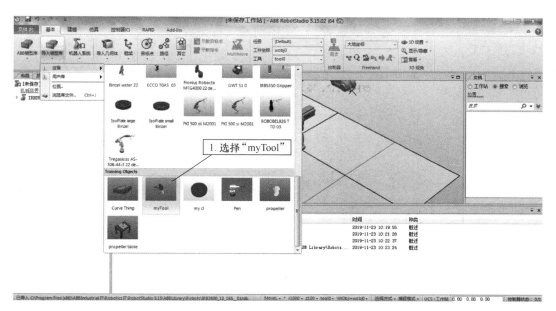

图 6-13　选择"myTool"

3）向上拖到"IRB2600_ 12_ 165_ 01"后松开鼠标左键，如图 6-14 所示。

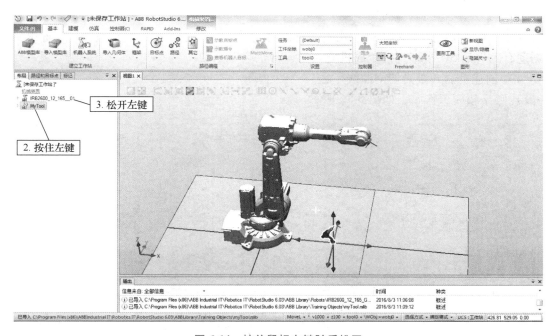

图 6-14　按住鼠标左键随后松开

4）单击"Yes"，如图 6-15 所示。

至此，完成了导入机器人和加载工具的工作。

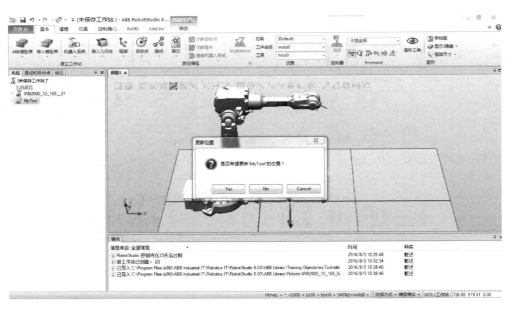

图 6-15　单击"Yes"

6.4　工业机器人离线轨迹编程

6.4.1　创建机器人的离线轨迹曲线和运动路径

以激光切割为例，机器人需要沿着工件的外边缘进行切割。此运行轨迹为 3D 曲线，可根据现有工件的 3D 模型直接生成机器人的运行轨迹。

（1）创建机器人激光切割曲线

1）解压相应工作站，如图 6-16 所示。

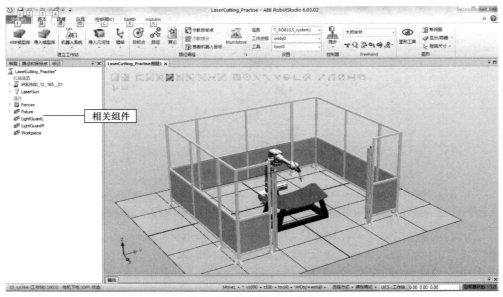

图 6-16　解压相应工作站

2）机器人根据工件的外边缘 3D 曲线直接生成自己的运行轨迹，进而完成整个轨迹调试并模拟仿真运行。具体操作如图 6-17 所示。

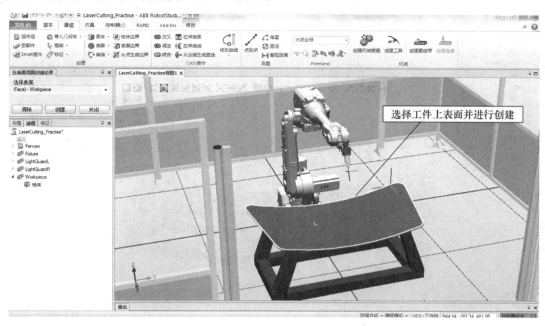

图 6-17　选择工件上表面并进行创建

（2）生成机器人激光切割路径

1）根据生成的 3D 曲线自动生成机器人的运行轨迹。为了方便编程和路径的修改，需要创建用户坐标系，具体操作步骤如图 6-18~图 6-20 所示。

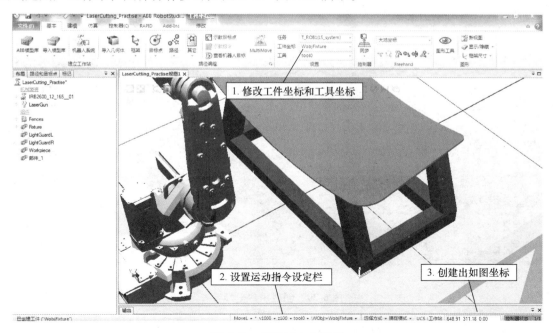

图 6-18　创建用户坐标系

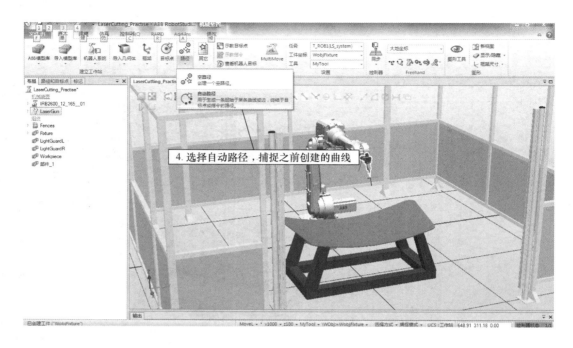

图 6-19　创建用户坐标系

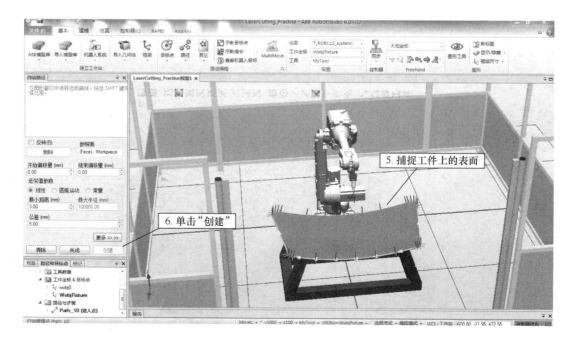

图 6-20　创建用户坐标系

2）根据不同的曲线特征选择不同类型的近似值参数类型，如图 6-21 所示。

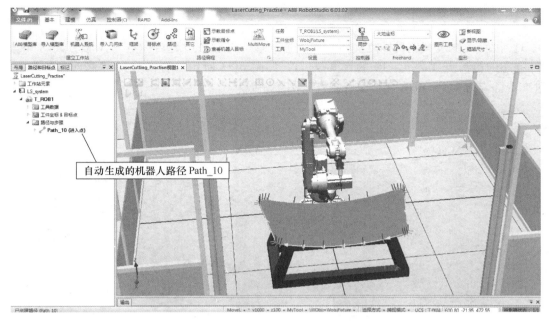

图 6-21　选择不同类型的近似值参数类型

6.4.2　机器人目标点调整及轴配置参数

（1）机器人目标点调整

1）在调整目标点过程中，为了便于查看工具在此姿势下的效果，可以选中目标点并右击鼠标，单击"查看目标处工具"显示工具，如图 6-22 所示。

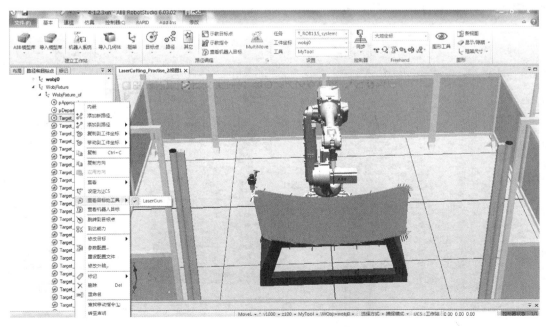

图 6-22　调整目标点

2）当机器人难以达到目标点时，可以通过选中目标点，右击选择"修改目标"，单击"旋转"改变该目标的姿态，从而使机器人能够到达目标点。

3）接着，修改其他目标点。可直接批量处理，将剩余所有目标点的 X 轴方向对准已调整好姿态的目标点 Target_ 10 的 X 轴方向，如图 6-23 所示。右击选择"修改位置"中的"对准目标点方向"，将所有目标点的方向调整完成。

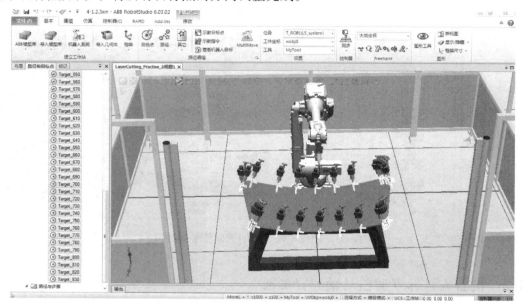

图 6-23　调整目标点

（2）轴配置参数调整　鼠标右击目标点 Target_10，单击"配置参数"，选择合适的轴配置参数，单击"应用"，如图 6-24~图 6-26 所示。

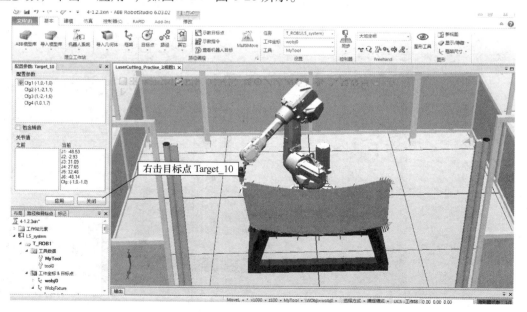

图 6-24　配置参数（1）

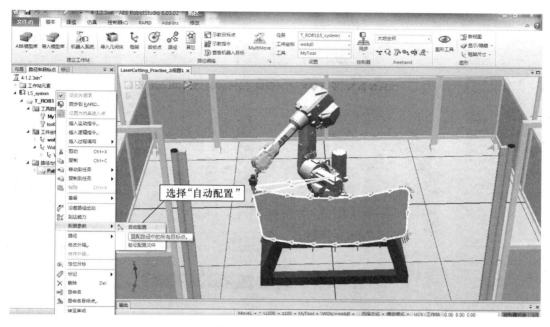

图 6-25 配置参数 (2)

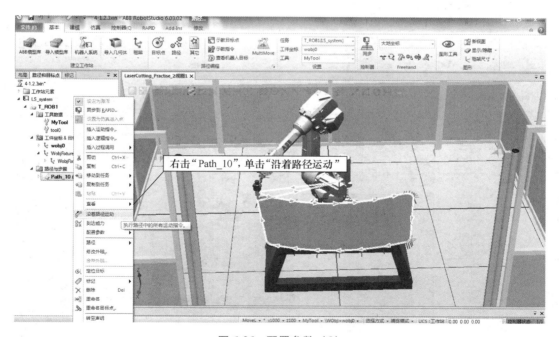

图 6-26 配置参数 (3)

(3)完善程序并仿真运行

1)轨迹完成后,接下来完善程序。需要添加轨迹起始接近点、轨迹结束离开点以及安全位置 HOME 点。设置后如图 6-27 所示。

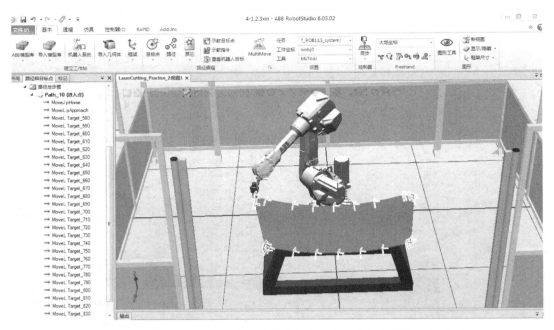

图 6-27　添加轨迹起始接近点、轨迹结束离开点以及安全位置 HOME 点

2）参数更改后进行一次轴配置，选择自动配置，如图 6-28 所示。

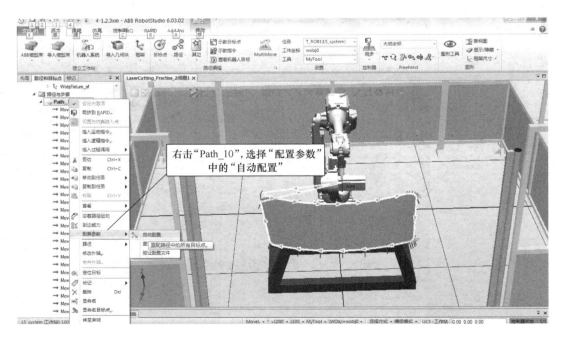

图 6-28　自动配置

3）将路径 Path_10 同步到 RAPID，转化成 RAPID 代码。具体操作步骤如图 6-29～图 6-32 所示。

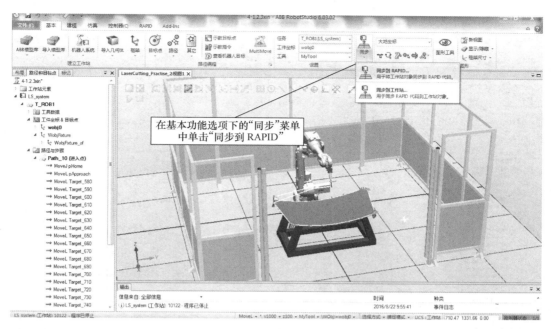

图 6-29 转化成 RAPID 代码（1）

图 6-30 转化成 RAPID 代码（2）

（4）离线轨迹编程的关键点 在离线轨迹编程中，最为关键的三步是图形曲线、目标点调整、轴配置调整。

1）图形曲线。

① 生成曲线，除了"先创建曲线再生成轨迹"的方法外，还可以直接捕捉 3D 模型的

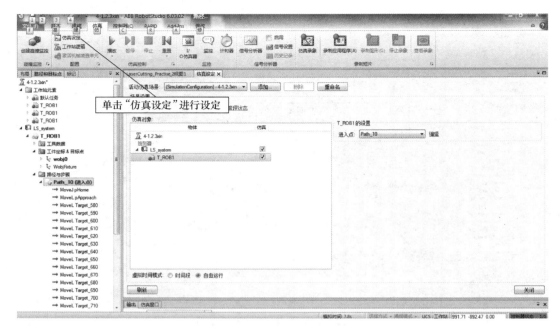

图 6-31　转化成 RAPID 代码（3）

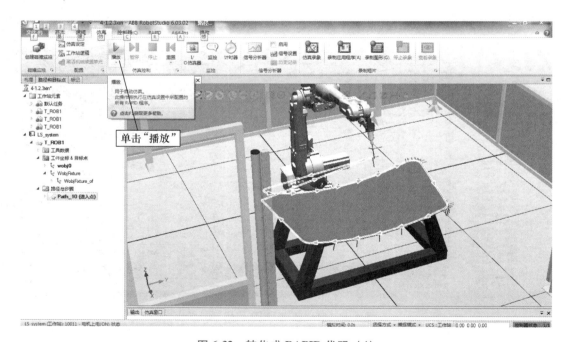

图 6-32　转化成 RAPID 代码（4）

边缘进行轨迹的创建。

　　② 导入 3D 模型之前，可在专业的制图软件中进行处理。可在数模表面绘制相关曲线，导入 RobotStudio 后，根据这些已有的曲线直接转换成机器人轨迹。

③ 在生成轨迹时，需要根据实际情况来选取合适的近似值参数并调整数值的大小。

2）目标点调整。目标点调整方法有多种，通常是综合运用各种方法进行调整。先对单一目标点进行调整，之后完成其他目标点的某些属性设置，可以参考调整好的第一个目标点进行方向对准。

3）轴配置调整。配置过程中可能出现"无法跳转，检查轴配置"的问题。此时可进行如下更改：

① 对轨迹起始点尝试使用不同的轴配置参数。

② 尝试更改轨迹起始点位置。

③ 考虑 SingArea、ConfL、ConfJ 等指令的运用。

6.5　RobotStudio 的在线使用

6.5.1　与机器人进行连接并获得权限

1. 建立 RobotStudio 与机器人的连接

通过 RobotStudio 与机器人的连接，可用 RobotStudio 的在线功能对机器人进行监控、设置、编程与管理。将随机所附带的网线一端连接到计算机的网络端口，另一端与机器人的专用网线端口（紧凑控制柜 SERVICEA7）进行连接，然后按照如图 6-33 和图 6-34 所示操作。

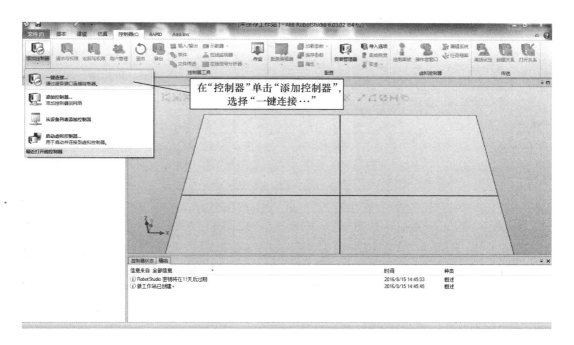

图 6-33　建立连接（1）

2. 获取 RobotStudio 在线控制权限

1）通过 RobotStudio 在线对机器人进行程序的编写、参数的设定与修改等操作。

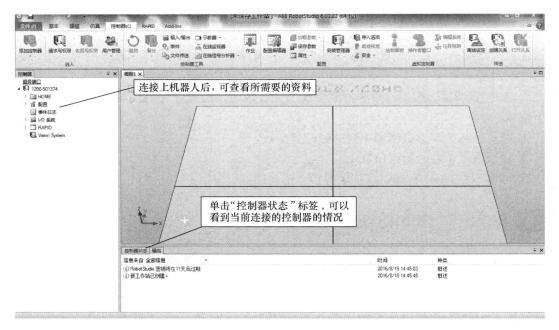

图 6-34　建立连接（2）

2）将机器人状态钥匙开关切换到"手动"状态，如图 6-35 所示。

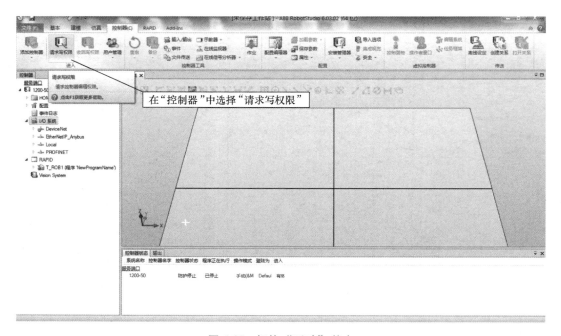

图 6-35　切换"手动"状态

3）在示教器上单击"同意"后完成对控制器的写操作，以后还可以在示教器中单击"撤回"以收回写权限，如图 6-36 所示。

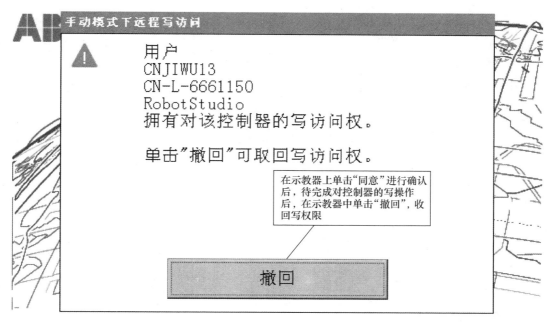

图 6-36　单击"撤回"

6.5.2　使用 RobotStudio 进行备份与恢复操作

1. 备份

在"控制器"选项中单击"备份"，选择"创建备份"，具体操作步骤如图 6-37 ~ 图 6-39 所示。

图 6-37　选择"创建备份"

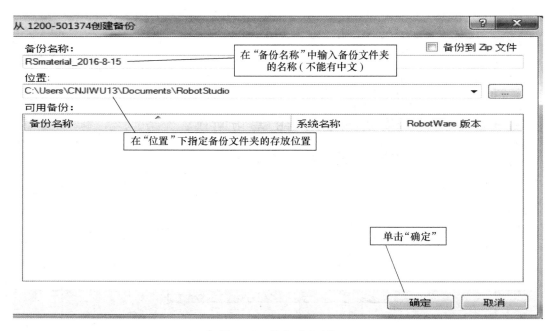

图 6-38 单击"确定"

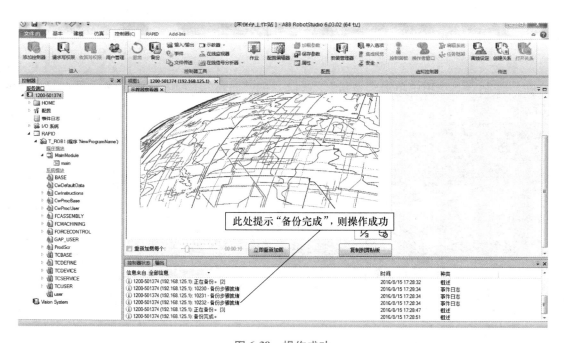

图 6-39 操作成功

2. 恢复

1）将机器人状态钥匙开关切换到"手动"状态。

2）在"控制器"选项中单击"备份"，选择"从备份中恢复"，如图 6-40 所示。

3）在示教器中单击"同意"进行确认，如图 6-41 所示。

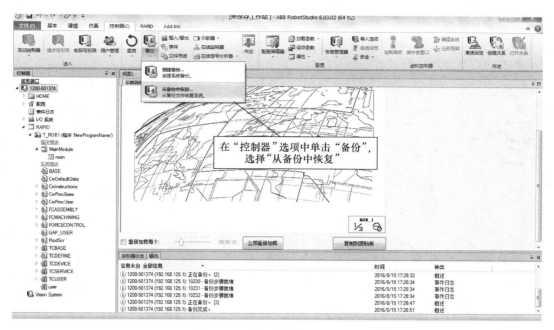

图 6-40　选择"从备份中恢复"

图 6-41　选择"确定"

6.5.3　使用 RobotStudio 在线编辑 RAPID 程序

1. 修改等待时间指令 WaitTime

1）将程序中的等待时间从 2s 调整为 3s。首先建立 RobotStudio 与机器人的连接，如

图 6-42所示。

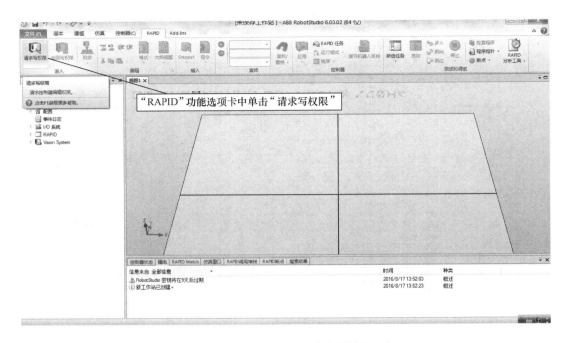

图 6-42　建立 RobotStudio 与机器人的连接

2）在示教器中单击"同意"进行确认，之后的操作步骤如图 6-43 ~ 图 6-45 所示。

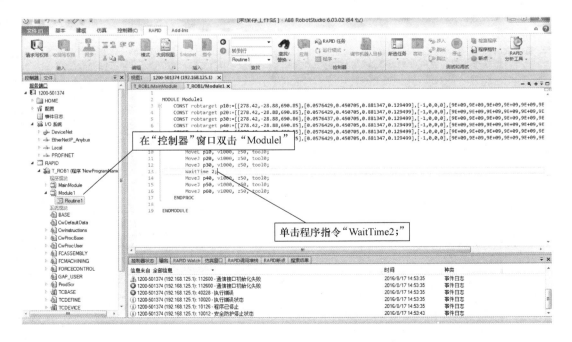

图 6-43　修改等待时间的步骤1

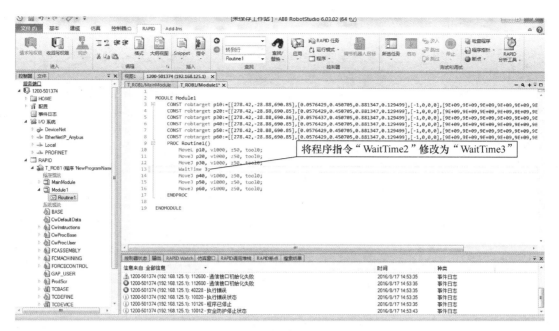

图 6-44　修改等待时间的步骤 2

图 6-45　修改等待时间的步骤 3

2. 增加速度设定指令 VelSet

1）为了将程序中机器人的最高速度限制为 1000mm/s，需要在移动指令开始之前添加一条速度设定指令，如图 6-46 所示。

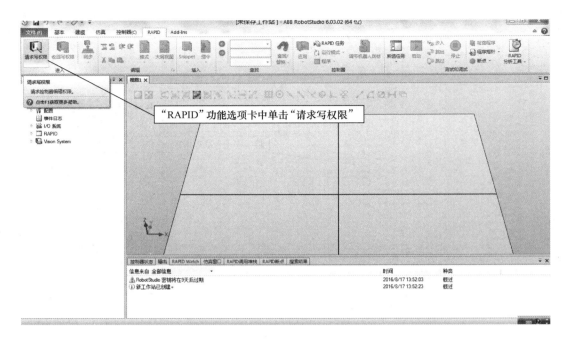

图 6-46　单击"请求写权限"

2）在示教器中单击"同意"进行确认，之后的操作步骤如图 6-47~图 6-51 所示。

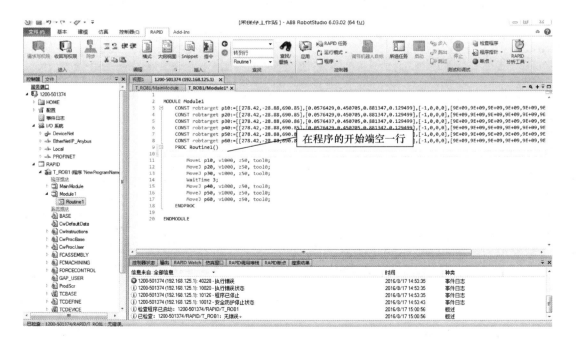

图 6-47　开始的地方空一行

图 6-48 选择 "Settings" 中的 "VelSet"

图 6-49 设定参数

图 6-50　修改指令

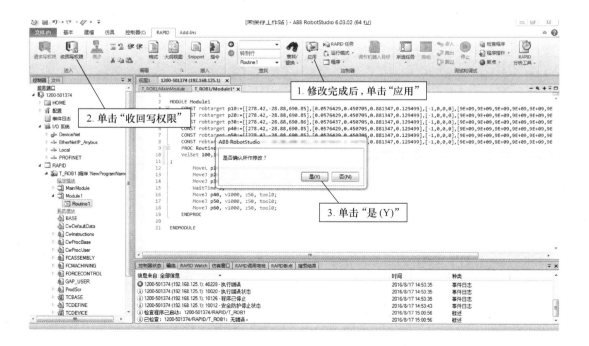

图 6-51　完成指令的修改

本 章 小 结

本章介绍了 ABB 工业机器人的 RobotStudio 仿真软件，学习在 RobotStudio 中可以实现的一些功能。掌握 RobotStudio 仿真软件的安装以及基本操作步骤，学习建立仿真工业机器人工作站、工业机器人离线轨迹编程、机器人目标点调整及轴配置参数的基本步骤，学习使用 RobotStudio 进行备份与恢复的操作。

思考与练习题

1. 简述在 RobotStudio 中可以实现的主要功能。
2. 实践建立仿真工业机器人工作站的步骤。
3. 完成 RobotStudio 进行备份的操作。
4. 完成 RobotStudio 进行恢复的操作。

7

第 7 章
工业机器人应用 1——搬运

　　搬运作业是指用一种设备（或机器、装置）握持工件（或物品），使之从一种制造加工状态（或位置）移动到另一种制造加工状态（或位置）的过程。搬运作业在配送中心的作业中占有 60%～70% 的作业量，它涉及装卸、搬运、堆垛、取货、理货、分类等与之相关的作业过程，是物流系统构成的要素之一。搬运作业在具体操作中并不直接创造价值，但它却是在物品由生产到消费的流动过程中不可缺少的。

　　搬运机器人就是一种用于自动化搬运作业的工业机器人。为了提高自动化程度和生产效率，制造企业通常需要快速高效的物流线来贯穿整个产品的生产及包装过程，搬运机器人在物流线中发挥着举足轻重的作用。搬运机器人作为一种典型工业机器人，广泛应用于化工、食品加工、包装物流等诸多领域，并向其他领域延伸和发展。

　　搬运机器人是近代自动控制领域出现的一项高新技术，它涉及力学、机械、电气、液压、气压、自动控制、传感器、单片机和计算机技术等学科领域，已经成为现代机械制造生产体系中的一项重要组成部分。它的优点是可以通过编程完成各种预期的任务，在自身结构和性能上具有人和机器两者的优势，并体现出一定的智能和适应性。

　　自 1960 年美国研制的 Versatran 和 Unimate 两种机器人首次用于搬运作业起，到目前为止世界上已使用的搬运机器人已超过 10 万台。部分发达国家已经对人工搬运的最大限度做出了规定，凡超过限度的必须由搬运机器人来完成。

　　本章着重介绍搬运机器人的分类、功能、结构、发展前景和操作等，同时介绍国内外几款较为典型的用于搬运作业的工业机器人，并以 ABB 工业机器人为例介绍一些用于搬运任务的程序指令和操作步骤。此外还讲述了机器人搬运生产线的周边辅助设备，旨在加深对搬运机器人及其规范操作的认识。

7.1 认识搬运机器人

7.1.1 搬运机器人的分类

　　搬运机器人的结构形式和其他类型机器人相似，为了适应不同的应用，在实际制造生产中逐渐演变出多种机型。从结构上看，搬运机器人主要分为直角式搬运机器人和关节式搬运机器人两大类。其中直角式搬运机器人又可分为龙门式、悬臂式、摆臂式和侧壁式搬运机器人等。下面分别介绍这几类搬运机器人。

1. 直角式搬运机器人

直角式搬运机器人具有空间上相互垂直的多个直线移动轴，通常为沿着 X、Y、Z 轴三个独立自由度的线性运动确定其空间位置，一般 X 轴和 Y 轴是水平面内的运动轴，Z 轴是上下运动轴，其动作空间似长方体。龙门式、悬臂式、摆臂式及侧壁式搬运机器人都属于直角式搬运机器人。它们的运动原理相似，但结构特征不同，因此被应用于不同的场合。

（1）龙门式搬运机器人　龙门式搬运机器人的坐标系由 X 轴、Y 轴和 Z 轴组成。它是一种建立在直角 X、Y、Z 三坐标系统基础上对工件进行工位调整，或实现工件的轨迹运动等功能的全自动工业设备。多采用模块化结构，可依据负载位置、大小等选择对应直线运动单元及组合结构形式（在移动轴上添加旋转轴便可成为 4 轴或 5 轴搬运机器人）。

龙门式搬运机器人主要由多维机器人行走轴搭建而成，各机器人行走轴由重载铝型材、滚轮直线导轨和伺服电动机等组成。它的空间运动是由三个相互垂直的直线运动来实现的。龙门式搬运机器人机械手的控制是通过工业控制器（如 PLC）实现。由于直线运动易于实现全闭环的位置控制，所以龙门式搬运机器人可以达到很高的位置精度（有的已经达到 μm 级）。

龙门式搬运机器人的工作空间为一长方体。为了实现一定的运动空间，其结构尺寸要比其他类型机器人的结构尺寸大得多。通过控制器对各种输入（传感器、按钮等）信号进行分析处理，做出一定的逻辑判断后，对各个输出元件（继电器、电动机驱动器、指示灯等）下达执行命令，完成 X、Y、Z 三轴之间的联合运动，以此实现一整套的全自动作业流程。龙门式搬运机器人如图 7-1 所示。

图 7-1　龙门式搬运机器人

（2）悬臂（壁挂）式搬运机器人　悬臂（壁挂）式搬运机器人的坐标系由 X 轴、Y 轴和 Z 轴组成，也可以根据不同的应用情况采取相应的结构形式（例如在 Z 轴的下端添加旋转或摆动就可以延伸成为 4 轴或 5 轴搬运机器人）。

此类机器人大多数结构为 Z 轴随着 Y 轴移动，但有时针对特定的场合，Y 轴也可以在 Z 轴的下方，这一结构特点使其便于进入设备内部进行搬运操作，多用于机床内部的自动上下料。悬臂（壁挂）式搬运机器人如图 7-2 所示。

（3）摆臂式搬运机器人　摆臂式搬运机器人的坐标系由 X 轴、Y 轴和 Z 轴组成。Z 轴主要用于升降作业，也被称为主轴。Y 轴的移动主要通过外加滑轨。X 轴末端连接有控制器，可实现绕 X 轴转动。摆臂式搬运机器人如图 7-3 所示。

（4）侧壁式搬运机器人　侧壁式搬运机器人的坐标系由 X 轴、Y 轴和 Z 轴组成，也可以根据不同的应用情况采取相应的结构形式（例如在 Z 轴的下端添加旋转或摆动就可以延伸成为 4 轴或 5 轴搬运机器人）。侧壁式搬运机器人如图 7-4 所示。

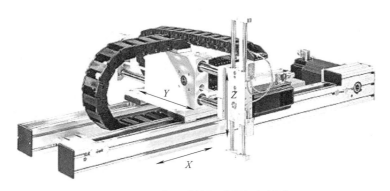

图 7-2 悬臂（壁挂）式搬运机器人

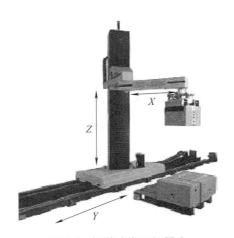

图 7-3 摆臂式搬运机器人

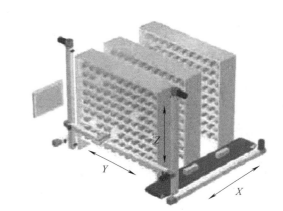

图 7-4 侧壁式搬运机器人

2. 关节式搬运机器人

关节机器人也称关节手臂机器人或关节机械手臂，是当今工业领域中最常见工业机器人的形态之一，适合用于诸多工业领域的机械自动化作业。关节式搬运机器人由多个旋转和摆动机构组合而成，一般拥有 5 至 6 个轴，行为动作类似于人的手臂。近年来，关节式搬运机器人集成接触传感器、力传感器、视听觉传感器以及语言功能等"生物传感器"，能够使其具有一定的人类感知能力。关节式搬运机器人如图 7-5 所示。

图 7-5 关节式搬运机器人

7.1.2 搬运机器人的功能

随着我国工业自动化发展逐渐成熟，工业搬运机器人得到了更广泛的应用，很多大型企业开始使用工业机器人进行货物的搬运，其中包括近年来对物品自动搬运有巨大需求的物流仓储业。搬运机器人主要具备以下优点：

1）改善物流管理和调度能力。搬运机器人能够将货物摆放得更加有序、整齐和规范，也可以通过中央控制系统进行数据分析和远程控制。

2）柔性的场地要求和满足特殊工作环境需求。搬运机器人比传统的叉车所需巷道宽度窄得多，AGV（自动导引运输车）系统可以随时随地更改路径。搬运机器人还可以在人员不适应或者有安全隐患的环境工作。

3）优化工艺流程。搬运机器人把众多工艺根据需要轻松地连接在一起，可以更直观地实现站点工艺安排的合理性。

4）保障安全性。既可以有效防止工人在搬运货物时可能受到的伤害，也能避免由于工人的不规范操作或疏忽而造成产品被损坏的情况。

5）有利于成本控制，可以合理利用现有占地面积，提升企业形象和车间整洁度，实现无人化生产。

总而言之，搬运机器人的出现，不仅可以提高产品的质量和产量，而且对保障人身安全、改善劳动环境、减轻劳动强度、提高劳动生产率、节约原材料以及降低生产成本有着非常重要的意义。搬运机器人被广泛应用于机床上下料、压力机自动化生产线、自动装配流水线、码垛搬运、仓储、注塑、压铸和铸锻、集装箱及各类零部件的自动搬运等工作。此外，由于野外作业及恶劣环境作业的需要（如40℃以上高温和-40℃以下低温、核工业等），已开发出能移动或行走的特殊用途智能搬运机器人。

下面分别介绍直角式搬运机器人（龙门式、悬臂式、摆臂式以及侧壁式搬运机器人）和关节式搬运机器人的功能和应用。

1. 直角式搬运机器人的功能和应用

直角式搬运机器人针对不同的应用，可以方便快速组合成不同维数、不同行程和不同负载能力的机器人。从简单的二维机器人到复杂的五维机器人就有上百种结构形式的成功应用案例。从食品生产到汽车装配等行业的自动化生产线中，有各种各样的多台直角式搬运机器人和其他设备同步协调工作。其主要功能和特点如下：

1）可以任意组合成各种结构样式、负载能力和尺寸的机器人。可以方便地改变结构或通过编程来适合新的应用。

2）超大行程。采用多根直线运动单元（直线导轨）级连和齿轮齿条传动，可以形成几十米的超大行程。

3）负载能力强。采用多根直线运动单元平连或带多滑块结构时其负载能力可增加到数吨。

4）高动态特性和高精度。具有很高的动态特性，工作效率非常高，通常在几秒内完成一个工作节拍。按传动方式及配置，在整个行程内其重复定位精度可达到0.01~0.05mm。

5）简单经济、易维修、使用寿命长。直角式搬运机器人的维护通常是周期性加注润滑油，寿命一般是10年以上，维护好了可达20年。

总的来说，直角式搬运机器人的优点在于结构简单、定位精度高、空间轨迹易于求解。但动作范围相对较小，在绝大多数情况下，直角式搬运机器人的各个直线运动轴之间的夹角为直角，故适应范围相对较窄、针对性较强，所以不能满足对放置位置等有特殊要求的作业需求。下面介绍几种直角式搬运机器人的功能及应用。

（1）龙门式搬运机器人　龙门式搬运机器人速度快，精度高，其结构形式决定了其负载能力，可实现大物料、重吨位搬运，采用直角坐标系，编程方便快捷，广泛应用于生产线转运及机床上下料等大批量生产过程。

（2）悬臂式搬运机器人 悬臂式搬运机器人由于自由度少，其机构和控制部分也相对简单，不必选用特殊结构和精密机构，也无须采用复杂的控制算法。因此悬臂式搬运机器人具有成本低、控制灵活、操作简便、运行可靠、易于维护等特点。该类搬运机器人作为一种通用搬运机械，在电池生产、自动装配、电镀、热处理、堆垛等行业应用广泛。主要应用于机床内部自动上下料，如卧式机床、立式机床及特定机床内部和压力机、热处理机床自动上下料作业。

（3）摆臂式搬运机器人 摆臂式搬运机器人有以下优点：①多轴的联动控制使其能够任意角度的准确定位、抓取和放置工件；②Z 轴的上下铅垂运动使其可适应不同工作台面的高度落差，实现设备的自由组合；③Z 轴下方添加转动轴使其可实现大角度范围的工件搬运与操作；④X 轴水平伸缩可避免手臂摆动过程中对外物的干涉碰撞，又可以减小摆动时的转动惯量，同时手臂根部的转动使其可实现工件的翻转、侧挂等工艺动作。摆臂式搬运机器人比关节式搬运机器人结构简单、控制方便，但其负载能力相对于关节式机器人要小一些。

（4）侧臂式搬运机器人 侧壁式搬运机器人专用性强，主要应用于立体库类场景的自动存取作业，如档案自动存取系统、全自动银行保管箱存取系统等。

2. 关节式搬运机器人的功能和应用

关节式搬运机器人具有结构紧凑、占地空间小、相对工作空间大、自由度高等特点，几乎适用于任何轨迹和角度的搬运工作，如对摆放位置有指定角度要求的玻璃搬运工作等。关节式搬运机器人适用于柔性化生产、个性化定制生产的现代自动化流水生产线，在执行动作方面具有很好的通用性。

7.1.3 搬运机器人的结构

搬运机器人主要由执行机构、驱动机构和控制机构三部分组成。

1. 执行机构

执行机构主要由五部分组成，分别为手部、腕部、臂部、腰部和机座。

（1）手部 手部又称末端执行器，是工业机器人直接接触工件的部分，可以是各种夹持器。搬运机器人可以通过各种类型的末端执行器，高速、高精度地自动完成不同形状和状态的工件搬运工作。常见的搬运机器人末端执行器有吸附式、夹钳式和仿人式等。

1）吸附式。吸附式末端执行器依据吸力产生的不同分为气吸附和磁吸附两种。气吸附主要利用吸盘内压力和大气之间的压力差进行工作，用于吸附表面光滑的零件或薄板。磁吸附是利用磁力进行吸取工作。图7-6 所示为一种气吸附式末端执行器。

2）夹钳式。夹钳式末端执行器通过手爪的开启与闭合实现对工件的夹取。多用于负载重、高温、表面质量不高等吸附式无法

图7-6 气吸附式末端执行器

工作的场合。常见的手爪前端形状分为 V 形、平面形和尖形爪等。夹钳式末端执行器如图 7-7 所示。

V 形爪　　　　　　　　平面形爪　　　　　　　尖形爪

图 7-7　夹钳式末端执行器

3）仿人式。仿人式末端执行器是针对特殊外形工件进行抓取的一类手爪，其主要包括柔性手和多指灵巧手。仿人式末端执行器如图 7-8 所示。

控制手部运动的是传动装置，一般可分为回转型和平动型，大多数传动装置为回转型，其结构较为简单。传动机构形式较多，常用的有滑槽杠杆式、连杆杠杆式、斜楔杠杆式、齿轮齿条式、丝杠螺母式、弹簧式和重力式。

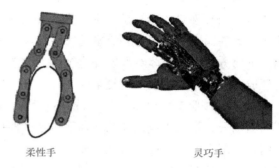

柔性手　　　　　　灵巧手

图 7-8　仿人式末端执行器

（2）腕部　腕部是连接手部和臂部的部件，可用来调节被抓物体的方位以扩大机械手的动作范围，并使机械手变得更灵巧。手腕有独立的自由度，有回转运动、上下摆动、左右摆动等运动方式。一般腕部设有回转运动再增加一个上下摆动即可满足工作要求。有些动作较为简单的专用机械手为了简化结构，可以不设腕部，直接用臂部运动驱动手部搬运工件。

目前应用最为广泛的手腕回转运动机构为回转液压（气）缸，它结构紧凑灵巧，但回转角度小（一般小于 270°），并且要求严格密封，否则难以保证稳定的输出扭矩。因此在要求较大回转角的情况下，要采用齿条传动或链轮结构。

腕部采用直接驱动方式。由于腕部装在手臂的末端，所以必须设计得十分紧凑才可以把驱动源装在手腕上。机器人手部的张合是由双作用单柱塞液压缸驱动的，而手腕的回转运动则由回转液压缸实现。

（3）臂部　臂部的作用是支撑腕部和手部（包括工件和夹具），并带动它们做空间运动。臂部运动是把手部送到空间范围内的任意一点。如果改变手部的姿态（方位），则用腕部的自由度加以实现。因此，一般来说臂部具有三个自由度才能满足基本要求，即手臂的伸缩、左右旋转、升降（或俯仰）运动。手臂的各种运动通常用驱动机构（如液压缸或者气缸）和各种传动机构来实现，从臂部的受力情况分析，它在工作中既受腕部、手部和工件的静、动载荷作用，而且自身运动较多，受力复杂。因此，它的结构、工作范围、灵活性以及抓重大小和定位精度直接影响机械手的工作性能。

（4）腰部　腰部是连接臂部和机座的部件，通常是回转部件。腰部的回转运动再加上臂部的平面运动，就能使腕部做空间运动。腰部的制造误差、运动精度和平稳性对机器人的定位精度有决定性的影响。

（5）机座　机座是机器人的基础部分，起支撑作用。对于固定式机器人，机座直接连接在地面上；对于可移动式机器人，机座则安装在移动结构上。通常机身由臂部运动（升降、平移、回转和俯仰）机构及其相关的导向装置、支撑件等组成。并且臂部的升降、回转或俯仰等运动的驱动装置或传动件都安装在机座上。

2. 驱动机构

驱动机构是搬运机器人的重要组成部分。根据动力源的不同，搬运机械人的驱动机构大致可分为液压驱动、气动驱动和电动驱动以及制动器。

（1）液压驱动　液压驱动具有较大功率体积比，常用于大负载的场合；压力高，可以获得较大的输出力；压力、流量均容易控制，可无级调速；反应灵敏，可以实现连续轨迹控制，维修方便。但液体对温度变化敏感，油液泄漏易着火；重型机械手多为液压驱动；液压元件成本较高，油路也比较复杂。

（2）气压驱动　气压驱动系统结构简单、成本低，适合于节拍快、负载小且精度要求不高的场合，常用于点位控制、抓取、弹性握持和真空吸附。能在高温、粉尘等恶劣环境中使用，泄漏无影响。但压力低，输出力较小，如需要输出力大时，其结构尺寸过大，阻尼效果差，不易控制；可高速驱动，但冲击较严重，精确定位困难。

（3）电动驱动　电动驱动有异步电动机、直流电动机、步进和伺服电动机等电动驱动方式。电动机使用简单，且随着材料性能的提高，电动机性能也逐渐提高，目前主要适合于中等负载，特别是适合动作复杂、运动轨迹严格的工业机器人和各种微型机器人。

（4）制动器　制动器是将机械运动部分的能量变为热能释放，从而使运动的机械速度降低或者停止的装置，它大致可分为机械制动器和电气制动器两类。

1）机械制动器。机械制动器中最典型的是电磁制动器。从原理上讲，这种制动器就是用弹簧力制动的盘式制动器。当有励磁电流通过线圈时制动器打开，这时制动器不起制动作用。而当电源断开，在线圈中无励磁电流时，在弹簧力的作用下处于制动状态。因此这种制动器被称为无励磁动作型电磁制动器，又因为这种制动器常用于安全制动场合，所以也称为安全制动器。

2）电气制动器。电动机是将电能转换为机械能的装置。反之，它也具有将旋转机械能转换为电能的发电功能。换言之，伺服电动机是一种能量转换装置，可将电能转换为机械能，同时也能通过其反过程来达到制动的目的。但对于直流电动机、同步电动机和感应电动机等各种不同类型的电动机，必须分别采用不同的制动电路。

在机器人机构中，需要使用制动器的情况如下：①特殊情况下的瞬间停止和需要采取安全措施时；②停电时，防止运动部分下滑而破坏其他装置。

3. 控制机构

构建机器人平台的核心是建立机器人的控制系统。首先需要选择合适的硬件平台。一般常用的控制系统硬件平台应满足以下要求：硬件系统基于标准总线机构，具有可伸缩性；硬件结构具有必要的实时计算能力；硬件系统模块化，便于添加或更改各种接口、传感器和特殊计算机等；低成本。

一般机器人控制系统的硬件平台大致分为两类：基于 VME 总线（VersaModel Eurocard，由 Motorola 公司 1981 年推出的第一代 32 位工业开放标准总线）的系统和基于 PC 总线的系统。近年来，随着 PC 性能的快速发展，可靠性大为提高，价格大幅度降低，以 PC 为核心的控制系统已广泛被机器人控制领域所接受。

7.1.4 搬运机器人的发展前景

在制造业的生产过程中涉及各种材料的搬运工作，搬运机器人提高了工件的搬运效率。针对搬运机器人的开发会重点放于对其各项性能的完善上，主要体现的性能如下：

1）高负载。对于搬运机器人的承载能力要求会有较大提高，其所能承载的重量将会越来越大。

2）高可靠性。在搬运机器人的工作过程中，其运行的稳定性十分重要，若在工作过程中发生了较多的故障，极有可能导致搬运机器人将物料损坏。

3）和谐的人机交互。搬运机器人已常见于人们的生产和生活中，因此有必要提高搬运机器人与人类的交流，可以有效地提高效率。

4）智能化。随着个性化需求和服务的增长，传统的制造模式将无法满足多样化生产的需求，需要升级到具有个性化定制能力的智能制造模式。除了要求搬运机器人完成预定的工作外，还要求搬运机器人根据环境的变化做出适当的反应。

7.2 典型的搬运机器人

在众多的工业机器人中，搬运机器人无疑是使用率最高的机器人之一，不管是在工业制造、仓储物流、烟草、医药、食品、化工等领域，还是在邮局、图书馆、港口码头、机场、停车场等场所，都能见到搬运机器人的身影。下面介绍几款较为典型的搬运机器人。

瑞典 ABB 公司的 IRB 7600 系列是典型的六轴串联搬运机器人，其最大承重能力高达 650kg，并采取了一系列主动和被动安全措施。IRB 7600 适用于各行业重载场合，具有大转矩、大惯性、刚性结构以及卓越的加速性能。该系列搬运机器人通过内置服务信息系统（SIS）监测自身运动和载荷情况，并优化服务需求。有较高的轨迹精度和重复定位精度（RP = 0.08~0.09mm）。有效载荷范围为 150~500kg（"无手腕"时可达 650kg），最大到达距离为 2.55~3.5m。图 7-9 所示为 ABB 公司的 IRB 7600 系列搬运机器人。

日本川崎重工的 MX700N 系列为垂直多关节型六轴机器人，最大搬运质量为 700kg，最大臂长为 2540mm。MX700N 系列的特点是第 5 轴（手腕）的扭矩为 5488N·m，适用于一次搬运多个工件以及要以托盘为单位处理的作业。第 3 轴采用新型连杆，省去了大型机器人常用的平衡锤（Counter Weight）。下半部转动半径及影响范围都比较小，因此可在狭窄的空间工作，具备碰撞检测功能，高刚性工作臂还具有振动控制功能。图 7-10 所示为川崎重工的 MX700N 系列搬运机器人。

图 7-9　ABB 公司 IRB 7600 系列搬运机器人

图 7-10　川崎重工 MX700N 系列搬运机器人

7.3　搬运机器人的操作

采用机器人搬运可以大幅度提高生产效率，节省劳动力成本，提高定位精度并降低搬运过程中的产品损坏率。正确认识搬运机器人的相关操作对于学习和了解搬运机器人是非常关键的。

7.3.1　相关程序知识

在操作 ABB 搬运机器人之前需要有一些基本的知识储备。

1. 标准 I/O 板配置

ABB 标准 I/O 板挂在 DeviceNet 总线上面，常用型号有 DSQ651 和 DSQ652。DSQ651 板提供 8 个数字输入信号、8 个数字输出信号和 2 个模拟输出信号的处理。DSQ652 板提供 16 个数字输入信号和 16 个数字输出信号的处理。在系统中配置标准 I/O 板，至少需要设置表 7-1 中所列的四项参数。

表 7-1　标准 I/O 板配置

参数名称	参数说明
Name	设定 I/O 单元的名称
Type of Unit	设定 I/O 单元的类型
Connected to Bus	设定 I/O 单元所在总线
DeviceNet Address	设定 I/O 板所占用总线地址

2. 数字 I/O 配置

在 I/O 单元上创建一个数字 I/O 信号，至少要设置表 7-2 中所列的四项参数。

表 7-2　数字 I/O 配置

参数名称	参数说明
Name	设定 I/O 信号的名称
Type of Signal	设定 I/O 信号的类型
Assigned to Unit	设定 I/O 信号所在 I/O 单元
Unit Mapping	设定 I/O 信号所占用单元地址

3. 系统 I/O 板配置

系统输入：将数字输入信号与机器人系统的控制信号关联起来，就可以通过输入信号对系统进行控制（例如电动机通电、程序启动、停止等）。

系统输出：机器人系统的状态信号可以与数字输出信号关联起来，将系统的状态输出给外围设备用于控制（例如系统运行模式、程序执行错误、急停等）。

4. 检测 Home 点模板

在实训任务中，每个程序都有检测 Home 点的例行函数 rCheckHomePos，以及比较机器人当前位置和给定位置是否相同的功能函数 CurrentPos。如果机器人不在原点位置则返回原点。其程序内容如下。

```
PROC rCheckHomePos （）
！检测是否在 Home 点程序

VAR robtarget pActualPos；
！定义一个目标点程序 pActualPos

IF NOT CurrentPos（pHome，tGripper）THEN
！调用功能程序 CurrentPos。此为一个布尔量型的功能程序，括号里的参数分别指的是所要比较的目标点以及使用的工具数据。
！这里写入的是 pHome，是将当前机器人位置与 pHome 点进行比较，若在 Home 点，则此布尔量为 True；若不在 Home 点，则为 False。
！在此功能程序的前面加上一个 NOT，则表示当机器人不在 Home 点时才会执行 IF 判断中机器人返回 Home 点的动作指令。
```

在编写程序时应该对主要语句加以注释，便于自己和其他人阅读理解。例如在上面的程序中，在文字行前面加上“！”，则表示整行语句为注释行，不被程序执行。

5. 常用指令介绍

（1）常用运动指令

MoveL：线性运动指令

将机器人 TCP 沿直线运动至给定目标点，适用于对路径精度要求高的场合，如切割、涂胶等。例如：

MoveL p20，v1000，z50，tool1\WObj:=wobj1；

如图 7-11 所示，上面程序表示让机器人 TCP 从当前位置 p10 处运动至 p20 处，运动轨迹为直线。

MoveJ：关节运动指令

将机器人 TCP 快速移动至给定目标点，运行轨迹不一定是直线。例如：

MoveJ p20,v1000,z50,tool1 \WObj:=wobj1;

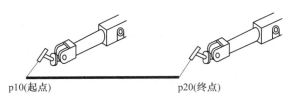

图 7-11　线性运动轨迹

如图 7-12 所示，上面程序表示让机器人 TCP 从当前位置 p10 处运动至 p20 处，运动轨迹不一定为直线。

MoveC：圆弧运动指令

将机器人 TCP 沿圆弧运动至给定目标点。圆弧运动指令 MoveC 在做圆弧运动时一般不超过 240°，所以一个完整的圆通常使用两条圆弧指令来完成。例如：

MoveC p20,p30,v1000,z50,tool1 \WObj:=wobj1;

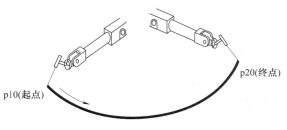

图 7-12　关节运动轨迹

如图 7-13 所示，上面程序表示让机器人当前位置 p10 作为圆弧的起点，p20 是圆弧上的一点，p30 作为圆弧的终点。

MoveAbsj：绝对运动指令

将机器人各关节轴运动至给定位置。例如：

PERS jointarget jpos10:=[[0,0,0,0,0,0],[9E+09,9E+09,9E+09,9E+09,9E+09,9E+09]];

定义关节目标点数据中的各关节轴为零度。

MoveAbsj　jpos10,v1000,z50,tool1\WObj:=wobj1;

上面程序则让机器人运行至各关节轴零度位置。

（2）常用 I/O 控制指令

Set：将数字输出信号置为 1。例如：

Set　Do1;

将数字输出信号 Do1 置为 1。

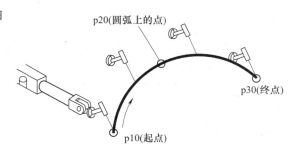

图 7-13　圆弧运动轨迹

Reset：将数字输出信号置为 0。例如：

Reset　Do1

将数字输出信号 Do1 置为 0。

WaitDI：等待一个输入信号状态为设定值。例如：

WaitDI　Di1，1;

等待数字输入信号 Di1 为 1，之后才执行后面的指令。

（3）常用逻辑控制指令

IF：满足不同条件，执行对应程序。例如：

```
IF reg1>5 THEN
Set do1；
ENDIF
```

如果 reg1>5 条件满足，则执行 Set Do1 指令。

FOR：根据指定的次数，重复执行对应程序。例如：

```
FOR i FROM 1 TO 10 DO
routine1；
ENDFOR
```

重复执行 10 次 routine1 里的程序。

注：FOR 指令后面跟的是循环计数值变量，不用在程序数据中定义，每次运行一遍 FOR 循环中的指令后会自动将循环计数值加 1。

WHILE：如果条件满足，则重复执行对应程序。例如：

```
WHILE reg1<reg2 DO
reg1 ： = reg1 + 1；
ENDWHILE
```

如果变量 reg1<reg2 条件一直成立，则重复执行 reg1 加 1，直至 reg1<reg2 条件不成立为止。

TEST：根据指定变量的判断结果，执行对应程序。例如：

```
TEST   reg1
CASE   1：
routine1；
CASE   2：
routine2；
DEFAULT：
stop；
ENDTEST
```

判断 reg1 数值，若为 1 则执行 routine1；若为 2 则执行 routine2，否则执行 stop。

（4）Offs 偏移功能　以选定的目标点为基准，沿着选定工件坐标系的 X、Y、Z 轴方向偏移一定的距离。例如：

```
MoveL Offs(p10,0,0,10),v1000,z50,tool0 \WObj：=wobj1；
```

！将机器人 TCP 移动至以 p10 为基准点，沿着 wobj1 的 Z 轴正方向偏移 10mm 的位置。

（5）CrobT 功能　读取当前机器人目标点位置数据。例如：

```
PERS robtarget   p10；
```

P10 : = CRobT(\Tool : = tool1 \WObj : = wobj1);

! 读取当前机器人目标点位置数据，指定工具数据位 tool1，工件坐标系数据为 wobj1（若不指定，则默认工具数据为 tool0，默认工件坐标系数据为 wobj0），之后将读取的目标点数据赋值给 p10。

（6）常用写屏指令

TPErase;

TPWrite "The Robot is running!";

TPWrite "The Last CycleTime is:"\num:=nCycleTime;

假设上一次循环时间 nCycleTime 为 10s，则示教器上显示的内容为：

The Robot is running!

The Last CycleTime is: 10

（7）功能程序 FUNC 功能程序能够返回一个特定数据类型的值，在其他程序中可被调用。在下面例子中定义了一个用于比较数值大小的布尔量型功能程序 bCompare，在调用此功能时需要预先设置最小值和最大值。如果数据 nCount 在最小值与最大值范围内则返回为 TRUE，否则为 FALSE。

PERS num nCount;

FUNC bool bCompare (num nMin, num nMax)
RETURN nCount>nMin AND nCount<nMax;
ENDFUNC

PROC rTest( )
    IF bCompare(5,10) THEN
        ⋮
    ENDIF
ENDPROC

7.3.2 创建搬运工作站

在日常生产中，搬运与码垛工作通常是连在一起的，本节以搬运普通产品为例创建搬运码垛工作站。工作站利用 ABB 公司的 IRB 120 机器人将产品从输送带末端搬到垛板上，并按照垛型要求进行码垛。工作站整体布局如图 7-14 所示。

1. 解包工作站压缩包

双击压缩包文件"7-1 example_搬运码垛工作站. rspag"，如图 7-15 所示。

工作站解包向导如图 7-16 所示，根据提示单击"下一个"按钮。

单击"浏览"按钮，选择和设置合适的存放解包文件的路径（注意路径中不能出现中文字符），如图 7-17 所示。

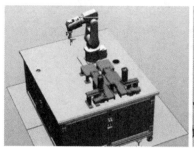

图 7-14 搬运码垛工作站整体布局

图 7-15 7-1 example_ 搬运码垛工作站 . rspag

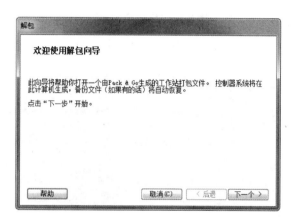

图 7-16 工作站解包向导

选择相应的 RobotWare 版本（要求最低版本为 5.14.02），然后单击"下一个"按钮，如图 7-18 所示。

图 7-17 选择目标文件夹

图 7-18 选择 RobotWare 版本

解包准备就绪，单击"完成"按钮，等待解压完成，如图 7-19 所示。

解包完成，确认后，单击"关闭"按钮。如图 7-20 所示。

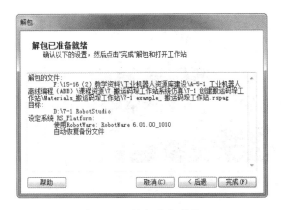

图 7-19　解包准备就绪　　　　　　　　　图 7-20　解包完成

2. 导入并放置工作站 3D 模型

在"基本"功能选项卡中，单击"浏览几何体"，选择"导入几何体"，导入码垛_输送链 1 的 3D 模型，分别如图 7-21 和图 7-22 所示。

图 7-21　浏览几何体

图 7-22　导入码垛_输送链 1

码垛_输送链 1 的 3D 模型导入完成后，还需要设置其位置，分别如图 7-23 和图 7-24
所示。

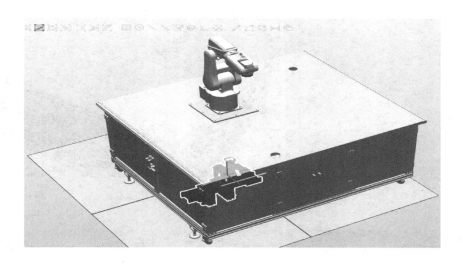

图 7-23　码垛_输送链 1 导入完成

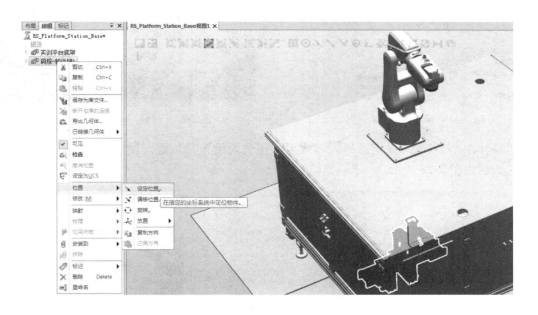

图 7-24　设定码垛_输送链 1 的位置

码垛_输送链 1 的位置设定完成，如图 7-25 所示。

导入码垛_输送链 2 的 3D 模型，导入界面如图 7-26 所示，导入完成后如图 7-27 所示。

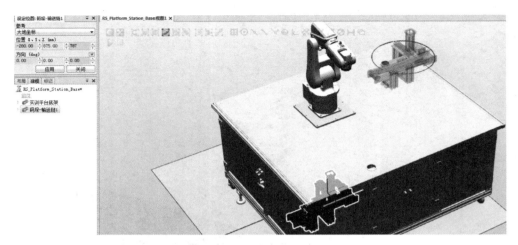

图 7-25 完成码垛_输送链 1 的位置设定完成

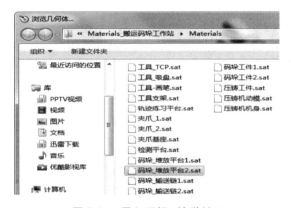

图 7-26 导入码垛_输送链 2

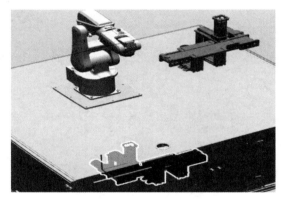

图 7-27 码垛_输送链 2 导入完成

码垛_输送链 2 的 3D 模型导入完成后，还需要设置其位置，设定界面如图 7-28 所示，设定完成后如图 7-29 所示。

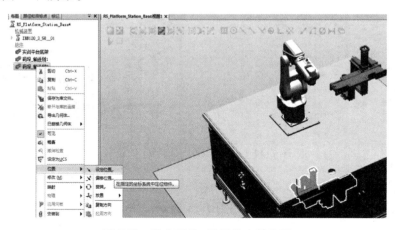

图 7-28 设定码垛_输送链 2 的位置

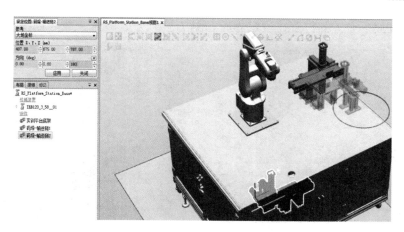

图 7-29　完成码垛_输送链 2 的位置设定完成

导入码垛工件 1 和 2，导入界面如图 7-30 所示，导入完成后如图 7-31 所示。

图 7-30　导入码垛工件 1 和 2

图 7-31　码垛工件 1 和 2 导入完成

导入码垛堆放平台 1 和 2，导入界面如图 7-32 所示，导入完成后如图 7-33 所示。

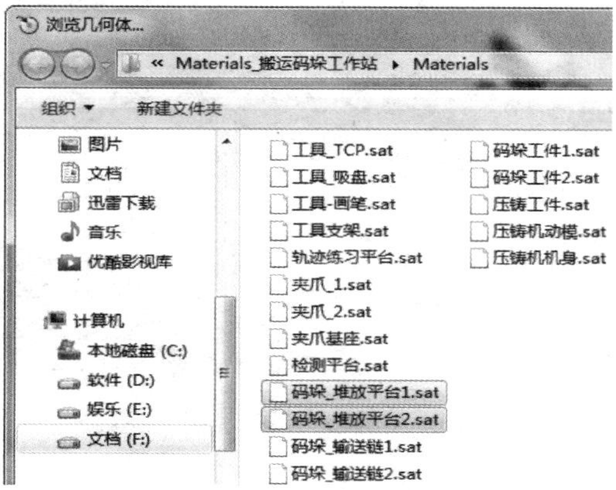

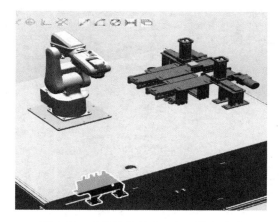

图 7-32　导入码垛堆放平台 1 和 2

图 7-33　码垛堆放平台 1 和 2 导入完成

设定码垛堆放平台 1 的位置，设定界面如图 7-34 所示，设定完成后如图 7-35 所示。

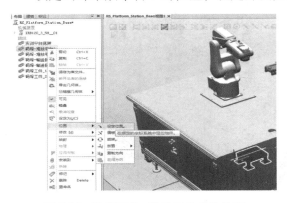

图 7-34 设定码垛_堆放平台 1 的位置

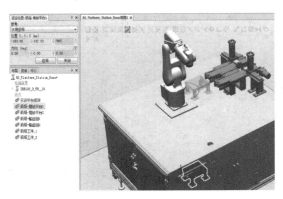

图 7-35 完成码垛_堆放平台 1 的位置设定完成

设定码垛堆放平台 2 的位置，设定界面如图 7-36 所示，设定完成后如图 7-37 所示。

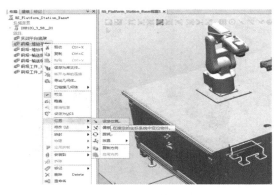

图 7-36 设定码垛_堆放平台 2 的位置

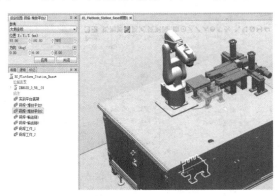

图 7-37 完成码垛_堆放平台 2 的位置设定完成

导入夹爪和夹爪基座，导入界面如图 7-38 所示，导入完成后如图 7-39 所示。

图 7-38 导入夹爪和夹爪基座

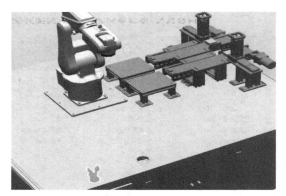

图 7-39 夹爪和夹爪基座导入完成

为便于观察和操作，现将夹爪以外的其他部件和机器人隐藏起来，如图 7-40 所示，隐藏后局部放大的夹爪部件如图 7-41 所示。

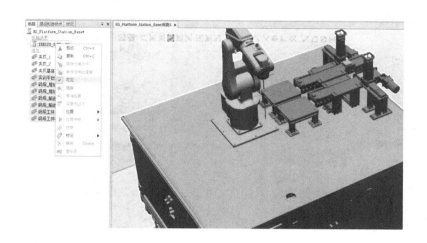

图 7-40　隐藏其他部件

3. 创建机器人用的夹爪工具

在"建模"功能选项卡中,单击"创建机械装置",为机器人创建夹爪工具,如图 7-42 所示。

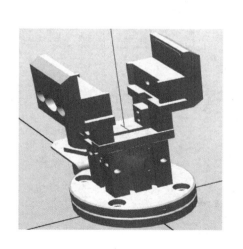

图 7-41　局部放大的夹爪部件

图 7-42　创建机械装置

设置机械装置模型名称为"夹爪",如图 7-43 所示;设置机械装置类型为"工具",如图 7-44 所示。

为机械装置创建链接,其中夹爪基座链接名称为"L1",夹爪 1 链接名称为"L2",夹爪 2 链接名称为"L3",如图 7-45 所示。

为上一步建立的链接之间创建接点,即父链接 L1(夹爪基座)与子链接 L2(夹爪 1)之间创建接点,关节名称为"J1"。为父链接 L1(夹爪基座)与子链接 L3(夹爪 2)之间创建接点,关节名称为"J2",如图 7-46 所示。

图 7-43 机械装置名称

图 7-44 机械装置类型

图 7-45 创建链接

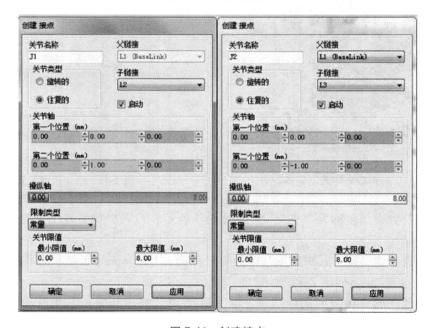

图 7-46 创建接点

创建工具数据，工具数据位置坐标及方向如图 7-47 所示。

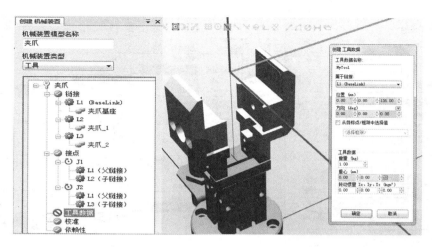

图 7-47　创建工具数据

编译机械装置，创建机械装置的姿态，分别如图 7-48 和图 7-49 所示。

图 7-48　编译机械装置

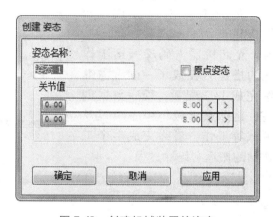

图 7-49　创建机械装置的姿态

创建夹爪闭合姿态和夹爪张开姿态，分别如图 7-50 和图 7-51 所示。

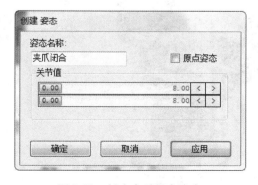

图 7-50　创建夹爪闭合姿态

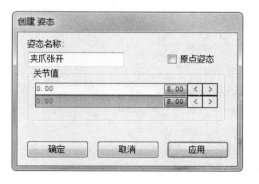

图 7-51　创建夹爪张开姿态

设置夹爪机械装置不同姿态的转换时间，具体步骤如图 7-52 所示。

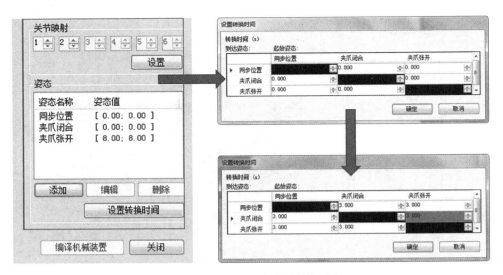

图 7-52　设置不同姿态的转换时间

机械装置创建完毕，关闭机械装置创建窗口，如图 7-53 所示。

夹爪工具创建完成，如图 7-54 所示。

至此机器人码垛搬运工作站的搭建就完成了，读者需继续完成 I/O 配置、程序数据创建、目标点示教、程序编写及调试等工作，最终完成整个工作站的搬运和码垛过程。

图 7-53　关闭机械装置创建窗口

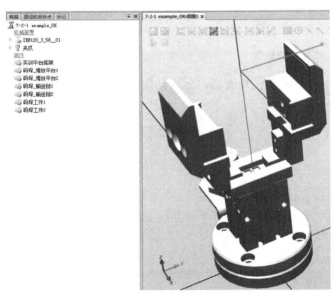

图 7-54　创建完成的夹爪工具

7.3.3　机器人搬运生产线及辅助设备

搬运机器人是包括相应附属装置及其他组件而形成的一个完整系统。一条完整的机器人搬运生产线除了需要搬运机器人（机器人和搬运设备）以外，还需要一些附属组件作为辅助设备。常见的搬运机器人周边设备有增加移动范围的滑移平台、合适的搬运系统装置和安全保护装置等。

1. 滑移平台

对于某些搬运空间大的场合，搬运机器人的末端执行器无法达到指定的搬运位置或姿态，此时就需要增加外部轴来增加机器人的自由度。最常用的方法就是增加滑移平台，可以安装在地面或者安装在龙门框架上，如图 7-55 所示。

地面安装　　　　　　　　　　龙门架安装

图 7-55　滑移平台安装方式

2. 搬运系统

搬运系统主要包括真空发生装置、气体发生装置、液压发生装置等，均为标准件。一般的真空发生装置和气体发生装置均可满足吸盘和启动夹钳所需动力，企业常用空气控压站对整个车间的设备提供压缩空气和抽真空；液压发生装置的动力元件（电动机、液压泵等）布置在搬运机器人周围，执行元件（液压缸）与夹钳一体，需要安装在搬运机器人末端法兰上，与气动夹钳相类似。

本 章 小 结

搬运作业是指用一种设备（或机器、装置）握持工件（或物品），使之从一种制造加工状态（或位置）移动到另一种制造加工状态（或位置）的过程。而搬运机器人就是一种进行自动化搬运作业的工业机器人，在物流线中发挥着举足轻重的作用。

从结构形式上看，搬运机器人主要可以分为直角式搬运机器人和关节式搬运机器人两大类。直角式搬运机器人又可分为龙门式、悬臂式、摆臂式和侧壁式等。直角式搬运机器人的优点在于结构简单、定位精度高、空间轨迹易于求解，但动作范围相对较小。在绝大多数情况下，直角式搬运机器人的各个直线运动轴之间的夹角为直角，故适应范围相对较狭窄、针对性较强，所以不能满足对放置位置等有特殊要求的作业需求。相对而言，关节式搬运机器人具有结构紧凑、占地空间小、相对工作空间大、自由度高等特点，几乎适用于任何轨迹和角度的搬运工作。

搬运机器人主要由执行机构、驱动机构和控制机构三部分组成。其中位于机器人手部（末端执行器）的执行机构一般又分为吸附式、夹钳式和仿人式等。一条完整的机器人搬运生产线除了需要搬运机器人（机器人和搬运设备）以外，还需要一些附属组件作为辅助设备。常见的搬运机器人周边设备有增加移动范围的滑移平台、合适的搬运系统装置和安全保护装置等。

正确认识搬运机器人的相关操作对于学习和了解搬运机器人是非常关键的。本章还介绍了 ABB 工业机器人用于搬运作业的一些常用指令，以及创建搬运码垛工作站的基本操作步骤。

思考与练习题

1. 填空题

（1）从结构形式上看，搬运机器人可以分为_____搬运机器人和_____搬运机器人两大类。其中_____搬运机器人又可以分为_____、_____、_____和侧壁式等。

（2）悬臂式搬运机器人的大多数结构为_____，但有时针对特定的场合，Y 轴也可以在 Z 轴的下方，这一结构特点使其_____，多用于_____。

（3）侧壁式搬运机器人专用性强，主要应用于_____，如_____、_____等。

（4）搬运机器人主要由_____、_____和_____三部分组成。

（5）常见的搬运机器人末端执行器有_____、_____和_____等。

（6）ABB 标准 I/O 板挂在_____上面，常用型号有_____和_____。

（7）在 ABB 机器人的装配操作中，MoveL 是_____指令，MoveJ 是_____指令，MoveC 是_____指令，MoveAbsj 是_____指令。

（8）常见的搬运机器人辅助设备有_____、_____和_____等。

2. 简答题

（1）简述直角式搬运机器人的运动原理。

（2）搬运机器人有什么优点？

（3）简述直角式搬运机器人的优缺点。

（4）简述关节式搬运机器人的功能及应用。

（5）什么是制动器？制动器可以分为哪几类？在什么情况下需要使用制动器？

第 8 章
工业机器人应用 2——码垛

码垛机器人是机械与计算机程序有机结合的产物，它集机械本体、计算机控制、传感技术、人工智能等多学科为一体，是一种智能化技术装备。码垛机器人能在工业生产过程中实现大批量工件、包装件的快速获取、搬运、装箱、堆垛、拆垛等作业，是可以集成在生产线上任意阶段的高新机电产品。

随着社会的进步和产业的升级，传统的人工码垛与机械式码垛已不适应工业发展，高效、安全、稳定的码垛机器人成为最佳选择。它不仅能够极大地节省劳动力和空间，更使生产效率大幅度提高。码垛机器人占用空间小，只要把它放在合适的位置就可以同时负责多条生产线的码垛作业，而且只需要调整控制参数就能实现不同负载的码垛作业。

本章着重介绍码垛机器人的分类、功能、结构、发展前景和操作等，同时介绍国内外几款较为典型的码垛机器人，并以 ABB 工业机器人为例介绍了用于码垛任务的程序指令和操作步骤等。此外还讲述机器人码垛生产线的周边辅助设备等，旨在加深对码垛机器人及其规范操作的认知。

8.1 认识码垛机器人

8.1.1 码垛机器人的分类

在结构形式上码垛机器人与搬运机器人非常相似，在控制方式上也基本相同，但是通常码垛机器人的本体比搬运机器人要大一些。因此传统上码垛机器人也可分为直角式码垛机器人和关节式码垛机器人两大类。常见的直角式码垛机器人又分为摆臂式码垛机器人和龙门式码垛机器人等。关于每一类码垛机器人的特点和应用等可参考第 7 章搬运机器人的内容，在此不再赘述。在实际生产中码垛机器人多为 4 轴，而且多数带有增加力矩和增加平衡作用的辅助连杆。

码垛机器人是将产品按要求堆放的一种设备。所以在工业生产领域，根据堆放的要求不同，还可以将码垛机器人分为单层码垛机器人、多层码垛机器人和排列码垛机器人三类。

码垛机器人在结构上可以分为直角坐标式码垛机器人、机械臂式码垛机器人、并联杆式码垛机器人三类。

1. 直角坐标式码垛机器人

直角坐标式码垛机器人的构造相对简单，主要由滑轨、线性活动电动机和夹具（执行机构）构成，其普遍结构如图 8-1 所示。该类码垛机器人一般为 3 轴或者 4 轴机构，分别为 X 轴、Y 轴、Z 轴，以及可以在 Z 轴上增加一个旋转轴 R。X、Y、Z 三个轴在空间做直线运动，并且它们之间两两互相垂直。XYZ 坐标确定了夹具（执行机构）在空间的唯一位置，而夹具的旋转则由 R 轴执行。从运动学的角度分析，该类码垛机器人的活动方向是固定的，运动方式较为简单，多为直线运动以及夹具的旋转定位运动，因此只能完成一些较为简单的动作，如堆砌或者垂直抓取等。

图 8-1　直角坐标式码垛机器人

2. 机械臂式码垛机器人

机械臂式码垛机器人从广义上讲就是一种采用了仿生学设计的机械臂。它通过几个关键承重杆和关节机构的串联来模拟人体手臂的形态，利用夹具来完成码垛的工作。而根据具体夹具（执行机构）的活动范围，该类型的机器人又可以细分为 SCARA 式和立体式。

（1）SCARA 式码垛机器人　SCARA（Selective Compliance Assembly Robot Arm，选择顺应性装配机器手臂）是一种圆柱坐标系的工业机器人。它相当于从直角坐标式码垛机器人到机械臂式码垛机器人的过渡。SCARA 式码垛机器人在相应关节处由直角坐标式码垛机器人的线性运动转变为旋转运动。与此同时，SCARA 式码垛机器人的夹具（执行机构）从起始位置移动到目标位置的运动也不再是 X、Y、Z 三个方向线性运动的叠加，而是几个旋转关节的扇形运动与最后执行机构垂直方向线性运动的叠加。图 8-2 所示为常见的 SCARA 式码垛机器人。

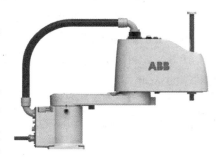

图 8-2　SCARA 式码垛机器人

（2）立体式机械臂码垛机器人　该类码垛机器人的构造极其灵活，它很大程度地拟合了人体手臂构造，从仿生学的角度来看更贴近于人体手臂的形态。由于引入较多的转动轴（如六轴），立体式机械臂码垛机器人拥有相比其他类型码垛机器人更高的活动自由度。在满足目标点在机械臂工作空间的前提下，立体式机械臂码垛机器人理论上可以通过调控关节的转动量使其夹具（执行机构）到达可操作空间中的任何一点。也就是说，立体式机械臂码垛机器人可以通过其高度灵活性触及目标物体的任意一面。图 8-3 所示为常见的立体式机械臂码垛机器人。

3. 并联杆式码垛机器人

并联杆式码垛机器人在硬件构造上与其他几类码垛机器人有着非常明显的区别，它的夹具（执行机构）是通过几个并联的承重杆与关节相连接的。每一个承重杆都是在一个独立的电动机驱动下运作，整体通过各电动机之间互相协作来控制夹具（执行机构）运动。因此，并联杆式码垛机器人还有一个形象的名称叫作"蜘蛛手"，如图 8-4 所示。

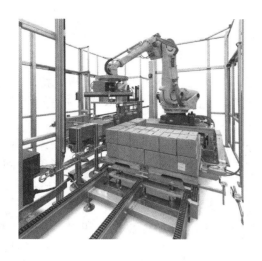

图 8-3　立体式机械臂码垛机器人

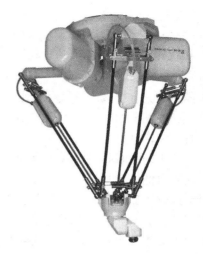

图 8-4　并联杆式码垛机器人

8.1.2　码垛机器人的功能

近年来，码垛机器人被广泛应用，这与其鲜明的特点和突出的优势有很大关系，它不仅可以提高生产效率，还能降低企业生产和人工成本。码垛机器人的主要应用优势如下：

1）结构简单、故障率低、性能可靠、保养维修方便。占地面积小，操作范围大。

2）适应性强。当货物的尺寸、体积、形状及托盘的外形尺寸发生变化时，只需要根据实际需求更换码垛机器人的抓手或者只需在控制柜屏幕上稍做修改，即可处理不同种类的产品。用户也可以根据不同的产品类型和实际需求对码垛机器人进行编程，以此来满足需求。

3）智能程度高。码垛机器人可以根据设定的信息对货物进行识别，然后将货物送往不同的托盘。

4）操作简单。码垛机器人全部可在控制柜屏幕上操作，只需定位抓起点和摆放点，示教方法简单易懂。

5）能耗低。通常机械式码垛机的功率在 26kW 左右，而码垛机器人的功率仅为 5kW 左右，大大降低了运行成本。

下面分别介绍直角坐标式码垛机器人、机械臂式码垛机器人（SCARA 式码垛机器人和立体式机械臂码垛机器人）以及并联杆式码垛机器人的功能和应用。

1. 直角坐标式码垛机器人的功能和应用

直角坐标式码垛机器人具有以下功能和特点：

1）夹具运动一般可以拆分为 X、Y、Z 三个平移方向以及旋转运动的组合，夹具运动方式简单，电动机控制方法简单。

2）负载范围大，通过加大承重梁与承重柱的尺寸以及加大电动机的功率，可以提升夹具的起重能力。

3）定位精度高，空间轨迹易于求解。

4）简单的结构造成了对夹具活动方式的限制，夹具只能实现平行平面间物体的运输，因此工作范围较小，操作灵活性较差。

直角坐标式码垛机器人在工业机器人领域较为基础，在自动化生产线上应用比较广泛。直角坐标式码垛机器人被广泛应用于建材、制造、化工、自动化物流等行业。

2. 机械臂式码垛机器人的功能和应用

（1）SCARA式码垛机器人 该类码垛机器人以高速度、高精度、小巧紧凑的特性和能提供众多的解决方案被广泛应用在码垛领域。这类机器人比一般关节式机器人速度快数倍。该类机型在垂直平面内具有很高的刚度，在水平面内具有较大的柔性，定位精度高。它最适用于平面定位，垂直方向进行装配的作业。从控制系统上讲，在比较执行器从同一起始点到同一目标点所需的时间时，SCARA式码垛机器人比直角坐标式码垛机器人需要更少的时间。但其负载能力低，且只适合于平面定位，故要求物体的体积较小。SCARA式码垛机器人经常被用于执行快速抓取码垛任务，常用于食品、制药行业。

（2）立体式机械臂码垛机器人 该类码垛机器人常用于涂胶、点焊、弧焊、喷涂、搬运、测量等工作，而码垛也是其能够胜任的一项重要任务。与直角坐标式码垛机器人相比，立体式机械臂码垛机器人机身小而且动作空间大，动作灵活。但因为其运动的非线性和复杂性，在完成从相同起始点到相同目标点的转移时，立体式机械臂码垛机器人用时更多。

3. 并联杆式码垛机器人的功能和应用

并联杆式码垛机器人广泛应用于抓取分拣、搬运码垛、装配涂装等工艺场合。优化的平行并联运动学设计使得机构更加合理，但其结构决定了并联杆式码垛机器人只能实现两个平行平面之间物体的转移，而且各个连杆在电动机驱动下做出的是非线性动作，所以控制更为复杂一些。由于该类机器人具有定位标准、运动精度高、运行速度快、稳定性强、可承载负荷小等特点，因此经常应用于食品、医药等行业中夹取质量小的物体，如在食品流水线上快速叠放食品等。如今经常将并联杆式码垛机器人与机器视觉整合，机器视觉技术配合并联杆式码垛机器人的高速运动可以高效地进行物体抓取、分拣、码垛等作业。

8.1.3 码垛机器人的结构

码垛机器人系统由机器人本体、控制系统、伺服驱动系统、检测机构、末端执行器调节机构、输入/输出系统接口和安全保护装置等组成。其中码垛机器人本体是整个自动化系统的核心部件。按不同的物料包装、堆垛顺序、层数等要求对码垛机器人进行参数设置，就可以实现不同类型包装物料的码垛作业。

码垛机器人本体的机械主体由底座、主构架、手臂机构（大臂、小臂）、腕部和末端执行器（手爪）等组成。一般的码垛机器人具有四个自由度（4轴），即四个旋转关节，分别为底座与主架构之间、主架构与大臂之间、大臂与小臂之间、腕部与末端执行器之间的四个旋转关节。

底座是码垛机器人的承重基础部件，固定在地面或支架上。主架构是大臂的支撑部件，实现机器人的回转功能，主架构可以在底座上进行旋转。大臂是小臂的支撑部件，大臂的摆动可以改变末端执行器在水平方向上的行程，而小臂的俯仰则可以实现末端执行器在垂直方向上的位置变换。腕部的末端执行器旋转关节可以调整承载目标的旋转角度和位置。码垛机器人本体结构如图8-5所示。

码垛机器人的末端执行器（也称手爪或抓手）是夹持物品移动的一种装置。作为码垛机器人的重要组成部分之一，末端执行器的工作性能（包括高可靠性、结构简单新颖、质

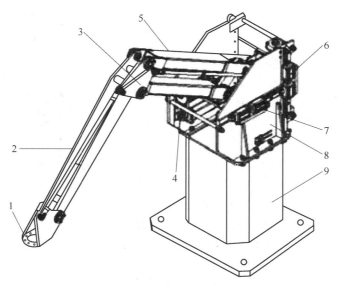

图 8-5　码垛机器人本体结构

1—腕部　2—小臂　3—连杆机构　4—伺服电动机　5—大臂　6—竖直导轨　7—水平导轨　8—主架构　9—底座

量小等参数）对码垛机器人的整体工作性能具有非常重要的意义。可以根据不同产品的需求设计不同的机械手爪使码垛机器人效率高、适用范围广、成本低等优势得以最大化。常见的码垛机器人的末端执行器主要包括抓取式、夹板式、真空吸取式和混合抓取式等。

1）抓取式。抓取式机械手爪适用于袋装物的高速码放，如图 8-6 所示。可以灵活适应不同形状和内含物的物料袋，如面粉、大米、饲料、沙砾、水泥、化肥等。

2）夹板式。夹板式机械手爪是码垛过程中最常用的一种，适用于整箱或规则盒包装物品的码放。常见的夹板式手爪有单板式和双板式，分别如图 8-7a 和图 8-7b 所示。

图 8-6　抓取式机械手爪

a) 单板式

b) 双板式

图 8-7　夹板式机械手爪

手爪力度较大，侧板一般都会有可旋转的爪钩，并且两侧板光滑不会损伤码垛产品外观质量。

3）真空吸取式。真空吸取式机械手爪在码垛中主要为气吸附，适用于用吸盘吸取的码放物，如覆膜包装盒、听装啤酒箱、塑料箱、纸箱等。广泛应用于医药、食品、烟酒等行业，如图 8-8 所示。

图 8-8   真空吸取式机械手爪

4）混合抓取式。混合抓取式（组合式）机械手爪是前三种手爪的灵活组合，各单组手爪之间既可以单独使用又可以配合使用以获得最大优势，主要适用于多个工位的协作码放。图 8-9 所示为一种真空吸取式 + 抓取式组合机械手爪。

吸盘 ——

爪钩 ——

图 8-9   混合抓取式（组合式）机械手爪

8.1.4   码垛机器人的发展前景

机械自动化制造技术的应用对于码垛机制造业而言是一个重大变革。为了能够适应不断变化的商品对于码垛的要求，让码垛机器人更好地服务工业生产，必须解决限制码垛机器人技术发展的因素，针对码垛机器人的新功能、新特点进行创新和发展。码垛机器人的未来发展主要趋向有以下几个方面：

1. 自动化程度的提高

机电综合技术越来越成为码垛机器人发展的主流技术，衡量码垛机器人技术水平的一个至关重要的指标是自动化和智能化的程度，主要体现在自动控制和自动检测两个方面。人机一体的智能化水平也是一个衡量指标。

2. 模块集成化

模块化也是码垛机器人的未来发展趋势之一。采用模块化结构不仅能让码垛机器人最大限度地满足不同物品对机器人的要求，同时还可以让设备的设计和制造变得更为便捷，大大降低生产成本、缩短生产周期。

3. 功能多样化

由于多品种、小批量商品市场的不断发展，以及中、小型用户的急剧增加，使得只能对固定批量、固定尺寸物品进行码垛的机器人的利用率大幅度降低。码垛机器人正在逐渐向着可以适用于各种环境和商品的方向发展。

8.2 典型的码垛机器人

目前是以瑞典 ABB、德国库卡（KUKA）、日本发那科（FANUC）和日本安川等四大家族领先国际工业机器人市场的局面。我国的工业机器人技术发展相对较晚，初期发展的速度相对较慢。进入 21 世纪以来，我国的机器人发展迎来了一个快速发展的时期。下面介绍国内外几款较为典型的码垛机器人。

哈尔滨博实自动化设备有限公司开发的 RB300型码垛机器人（图 8-10）是一种典型的 4 轴立体式机械臂码垛机器人。该码垛机器人从输送机上抓取料袋，按照预定的码放方式，将料袋逐个逐层码放在托盘上，最后将码好的满垛输出。该码垛机器人适用于各种包装料袋的码垛需求，也可同时对多种包装料袋进行码垛，具有智能分拣功能。其码垛能力最大可达每小时 720 袋（最大负载 300kg），码垛层数最大可达每垛 10 层（高度约 1800mm），最大垛形尺寸（长×宽）为 1600mm×1600mm。

图 8-10　博实公司 RB300 型码垛机器人

沈阳新松机器自动化股份有限公司主要研究工业机器人与工业自动化技术及产品的开发，其全新 SRB360/500A 系列码垛机器人（图 8-11）作为重载级的机器人，能够提供非常大的作业空间，它也是一种立体式机械臂码垛机器人，水平搬运能力重达 500kg，作业半径长达 2525mm。防护等级 IP67，可以适应恶劣的生产环境，在粉尘较多的室内外均可正常运行。

瑞典 ABB 公司的 IRB 360 Flex Picker 码垛机器人（图 8-12）在高精度拾取和放置应用领域达到了高标准，是一种典型的并联杆式码垛机器人。该类码垛机器人将图像分析技术引入实际工业生产中，利用摄像设备获取运输设备的图像并对其进行分析，最终获得实际物品的位置，经过控制器发出指令，利用码垛机器人末端执行器进行抓取码垛。ABB 机器人 IRB 360 系列包括负载为 1kg、3kg、6kg 和 8kg 以及横向活动范围为 800mm、1130mm 和 1600mm 等几个型号，这意味着 IRB 360 几乎可以满足任何需求。

图 8-11　新松公司 SRB360/500A 系列码垛机器人

图 8-12　ABB 公司 IRB 360 Flex Picker 码垛机器人

8.3　码垛机器人的操作

码垛机器人是码垛工作人员的手足与大脑功能的延伸和扩展，它可以代替人们在危险、有毒、低温、高热等恶劣的环境中工作，帮助人们完成繁重、单调、重复的劳动，提高劳动生产率，保证产品质量。正确认识码垛机器人的相关操作对于学习和了解码垛机器人有很大的帮助。

8.3.1　相关程序知识

首先了解 ABB 机器人的码垛相关指令。

1. 轴配置监控指令

ConfL：指定机器人在线性运动及圆弧运动过程中是否严格遵循程序中已设定的轴配置参数。在默认情况下轴配置监控是打开的。当关闭轴配置监控后，机器人在运动过程中可以采取最接近当前轴配置数据的配置到达指定目标点。

例如对于目标点 p10 中，数据 [1, 0, 1, 0] 就是此目标点的轴配置数据：

```
CONST robtarget
P10:=[[*,*,*],[*,*,*,*],[1,0,1,0],[9E9,9E9,9E9,9E9,9E9,9E9]];

ConfL\Off;
MoveL p10,v1000,fine,tool0;
```

在运行语句 ConfL \ Off 之后，机器人将自动匹配一组最接近当前各关节轴姿态的轴配置数据运动至目标 p10。到达 p10 时，轴配置数据不一定为程序中指定的 [1, 0, 1, 0]。

在某些应用场合，如离线编程创建目标点或手动示教相邻两目标点轴配置数据相差较大时，机器人在运动过程中容易出现"轴配置错误"的报警而造成停机。此种情况下，若对轴配置要求较高，则一般通过添加中间过渡点来解决问题；若对轴配置要求不高，则可通过指令 ConfL \ Off 关闭轴监控，使机器人自动匹配可行的轴配置来到达指定目标点。

ConfJ 的用法与 ConfL 相同，只不过前者为关节线性运动过程中的轴监控开关，影响的是 MoveJ；而后者为线性运动过程中的轴监控开关，影响的是 MoveL。

2. 计时指令

在机器人运动过程中，经常需要利用计时功能计算当前机器人的运行节拍，并通过写屏指令显示相关信息。下面以一个完整的计时案例来学习计时，并显示计时信息的综合运用。程序及注释如下：

```
VAR clock clock1;
! 定义时钟数据 clock1
VAR num Cycle Time;
! 定义数字型数据 Cycle Time,用于存储时间数值
ClkReset clock1;
! 时钟复位
Clkstart clock1;
```

！开始计时

　　⋮

！机器人运动指令等

ClkStop clock1;

！停止计时

CycleTime ：=ClkRead(clock1);

！读取时钟当前数值,并赋值给 CycleTime

TPErase;

！清屏

TPWrite "The Last CycleTime is" \Num ：=CycleTime;

！写屏,在示教器屏幕上显示节拍信息,假设当前数值 CycleTime 为 10,则示教器屏幕上最终显示信息为:"The Last CycleTime is 10"

3. 动作触发指令

TriggL:用于在线性运动过程中指定位置定义的触发事件,如位置输出信号、激活中断等。也可以定义多种类型的触发事件,如 Triggl/O（触发信号）、TriggEquip（触发装置动作）、Trigglnt（触发中断）等。

这里以触发装置动作（图 8-13）类型为例（到达准确位置后触发机器人夹具的动作通常采用此种类型的触发事件）进行说明。

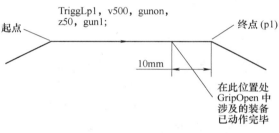

图 8-13　触发装置动作

程序及注释如下:

VAR triggdata GripOpen;

！定义触发数据 GripOpen

TriggEquip GripOpen,10,0.1 \ DOp ：=doGripOn,1 ;

！定义触发事件 GripOpen,在距离指定目标点前 10mm 处,并提前 0.1s（用于抵消设备动作延迟时间）触发指定事件:将数字输出信号 doGripOn 置为 1。

TriggL p1,v500,GripOpen,z50,tGripper;

！执行 TriggL,调用触发事件 GripOpen,即机器人 TCP 在朝向 p1 运动过程中,在距离 p1 前 10mm 处,并且再提前 0.1 秒,则将 doGripon 置为 1。

为提高节拍时间,在控制吸盘夹具动作过程中,吸取产品时需要提前打开真空,而在放置产品时需要提前释放真空。为了能够准确地触发吸盘夹具的动作,通常采用 TriggL 指令来对其进行控制。

需要说明的是,如果在触发距离后面添加可选参变量 \ Start,则触发距离的参考点不再是终点,而是起点。例如:

TriggEquip GripOpen,10\Start,0.1 \DOp：=doGripOn,1;

TriggL p1,v500,GripOpen,z50,tGripper;

则当机器人 TCP 朝向 p1 点运动过程中,在离开起点后的 10mm 处,并且提前 0.1s 触发 GripOpen 事件。

4. 数组的应用

在定义程序数据时，可以将同种类型、同种用途的数值存放在同一个数据集合中，当调用这些数据时需要写明索引号来指定调用的是该数据集合中的哪个数值，这就是所谓的数组。在 RAPID 中，可以定义一维数组、二维数组以及三维数组。例如，一维数组：

VAR num num1{3}: = [5,7,9];
! 定义一维数组 num1
num2 : = num1{2};
! num2 被赋值为 7

二维数组：

VAR num num1{3,4}: = [[1,2,3,4]
                      [5,6,7,8]
                      [9,10,11,12]];
! 定义二维数组 num1
num2 : = num1{3,2};
! num2 被赋值为 10

在编写过程中，当需要调用大量的同种类型、同种用途的数据时，在创建数据的时候可以利用数组来存放这些数据，便于在编程过程中对其进行灵活调用。甚至在大量 I/O 信号调用过程中，也可以先将 I/O 进行别名的操作，即将 I/O 信号与信号数据关联起来，之后将这些信号数据定义为数组类型，在程序编写中便于对同种类型、同种用途的信号进行调用。

5. 中断程序

在程序执行过程中，如果发生需要紧急处理的情况，这时就需要中断当前程序，并马上跳转到专门的程序中对紧急情况进行相应的处理，处理结束后还要返回到中断的地方继续往下执行程序。专门用来处理紧急情况的程序称作中断程序（TRAP）。例如：

VAR intunm intno1;
! 定义中断数据 intno1
IDelete intno1;
! 取消当前中断符 intno1 的连接,预防误触发
CONNECT intno1 WITH tTrap;
! 将中断符与中断程序 tTrap 连接
ISignalDI di1,1,intno1;
! 定义触发条件,即当数字输入信号 di1 为 1 时,触发该中断程序

TRAP tTrap
regl : = reg1+1;
ENDTRAP

定义触发条件的语句一般放在初始化程序中。当程序启动并运行完该定义触发条件的指令后，则进入中断监控。无论何时，当数字输入信号 di1 变为 1 时，则机器人立即执行 tTrap 中的程序。运行完成之后，指针返回触发该中断的程序位置继续往下执行。

6. 复杂程序数据赋值

大多数程序数据均是组合型数据，即里面包含了多项数值或字符串。例如常见的目标点数据可以写成：

PERS robtarget

p10：=[[0,0,0],[1,0,0,0,],[0,0,0,0],[9E9,9E9,9E9,9E9,9E9,9E9]];

PERS robtarget

p20：=[[100,0,0],[0,0,1,0,],[1,0,1,0],[9E9,9E9,9E9,9E9,9E9,9E9]];

目标点数据中包含了四组数据，从前往后依次为 TCP 位置数据（trans）、TCP 姿态数据（rot）、轴配置数据（robconf）和外部轴数据（extax）。可以分别对该数据的各项数值进行赋值运算操作，例如：

p10. trans. x：= p20. trans. x+50；

p10. trans. y：= p20. trans. y−50；

p10. trans. z：= p20. trans. z+100；

p10. rot：= p20. rot；

p10. robconf：= p20. robconf；

完成上述赋值后 p10 变为

PERS robtarget

p10：=[[150,−50,100,],[0,0,1,0],[1,0,1,0],[9E9,9E9,9E9,9E9,9E9,9E9,]];

8.3.2　码垛机器人规范操作过程

由于码垛机器人的效率极高，若操作不当很容易发生故障。正确操作码垛机器人可以减少故障的发生，同时保障操作人员的人身安全。下面介绍码垛机器人的正确使用步骤。

1）接通码垛机器人动力电源。

2）打开气源阀门。

3）将操作盘上的钥匙开关接通，确认操作盘及现场的急停开关均放开，升降机配重安全销已拔出。

4）如果操作盘上有故障指示灯亮，必须查找故障，把故障排除。否则禁止进入下一步。

5）设备开车前必须手动操作一遍。按触摸屏上的自动操作/手动操作切换按钮，将码垛机器人切换到手动操作状态后，通过手动操作界面的手动按钮对相应的部位进行手动操作。

6）如果要进行自动操作，按触摸屏上的自动操作/手动操作切换按钮，将码垛机器人切换到自动操作状态。

7）通过运行参数修正界面设置每垛层数、当前层数、编组袋数和转位袋数。

8）码垛机器人进入自动运行状态，运行指示灯亮。

8.3.3　机器人码垛生产线及辅助设备

工业机器人码垛生产线整合度较高，包含输送、折边、封口、倒包压包、金属检测、重量检测、喷码打印以及工业机器人码垛单元等。图 8-14 所示为机器人码垛生产线整体示意图。

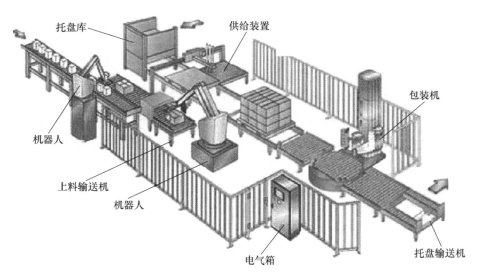

图 8-14　机器人码垛生产线整体示意图

机器人码垛生产线的辅助设备包括金属检测机、重量复检机、自动剔除机、倒袋机、整形机、待码输送机、传送带等。

金属检测机用于检测食品、医药、化妆品、纺织等生产过程中混入的金属异物，如图 8-15 所示。

重量复检机在自动化码垛流水作业中起到非常重要的作用。通过重量检测可判断成品的数量、漏装和错装，以及对合格品、欠重品、超重品进行分别统计，以达到产品质量控制的目的。重量复检机如图 8-16 所示。

图 8-15　金属检测机

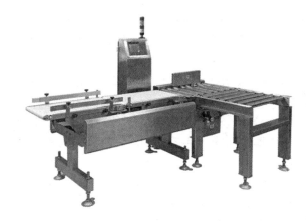

图 8-16　重量复检机

自动剔除机用于包装袋在出现含金属异物以及重量不满足要求时在输送过程中被移出。自动剔除机如图 8-17a 所示。自动剔除机也可以集成到金属检测机或者重量复检机内，图 8-17b 所示为重量复检机集成的剔除机。

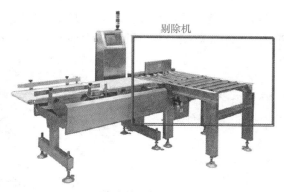

a) 自动剔除机　　　　　　　　　　　b) 重量复检机集成的剔除机

图 8-17　剔除机

倒袋机将输送机送来的料袋按预定的编组程序进行输送、倒袋和转位等操作，以传输到下一道工序。倒袋机如图 8-18 所示。

整形机主要针对袋装码垛物。料袋在经过输送线后必须经过整形机辊子的压紧、整形，将包装袋内可能存在的积聚物均匀散开后才可以送至待码输送机上。整形机如图 8-19 所示。

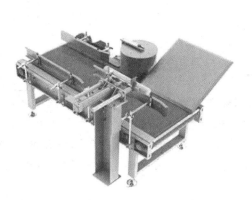

图 8-18　倒袋机　　　　　　　　　　图 8-19　整形机

待码输送机是码垛机器人生产线的专用输送设备，与码垛机器人的末端执行器（机械手爪）配套，方便抓取聚集于此的码垛货物，如图 8-20 所示。

待码输送机

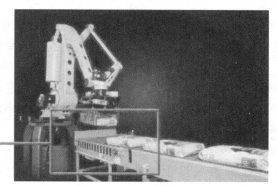

图 8-20　待码输送机

传送带是自动化码垛生产线上必不可少的一个环节，用于物料输送过程中的转弯，以及与下一工序的对接。常见的传送带如图 8-21 所示。

图 8-21 传送带

机器人码垛生产线不仅提高了产品的质量和生产效率，而且保障了人身安全、改善了劳动环境、减轻了劳动强度。因此就提高生产规模和生产效率而言，码垛机器人正发挥着越来越重要的作用。

本 章 小 结

随着社会的进步和产业的升级，传统的人工码垛与机械式码垛已不适应工业发展，高效、安全、稳定的码垛机器人成为最佳选择。它不仅能够极大地节省劳动力和空间，更为现代生产提供了更高的生产效率。码垛机器人是机械与计算机程序有机结合的产物，它集机械本体、计算机控制、传感技术、人工智能等多学科为一体，是一种智能化技术装备。

码垛机器人与搬运机器人在结构和控制方式上是非常相似的，因此传统上码垛机器人也分为直角式码垛机器人和关节式码垛机器人两大类。本章着重介绍另一种结构上的划分方式，将码垛机器人分为直角坐标式码垛机器人、机械臂式码垛机器人、并联杆式码垛机器人三类。

码垛机器人系统由机器人本体、控制系统、伺服驱动系统、检测机构、末端执行器调节机构、输入/输出系统接口和安全保护装置等组成。其中码垛机器人本体是整个自动化系统的核心部件。码垛机器人的机械主体由底座、主构架、手臂机构（大臂、小臂）、腕部和末端执行器（手爪）等组成。其常见的末端执行器主要包括抓取式、夹板式、真空吸取式和混合抓取式等。机器人码垛生产线的辅助设备包括金属检测机、重量复检机、自动剔除机、倒袋机、整形机、待码输送机、传送带等。

正确认识码垛机器人的相关操作对于学习和了解码垛机器人有很大的帮助。本章也介绍了 ABB 工业机器人用于码垛作业的一些常用指令，以及码垛机器人的规范操作步骤。

思考与练习题

1. 填空题

（1）码垛机器人在传统形式上可分为_____码垛机器人和_____码垛机器人两大类。其中_____码垛机器人又可以分为_____码垛机器人和龙门式码垛机器人等。

（2）码垛机器人一般为_____轴或者_____轴机器人，分别为_____、_____、_____，以及可以在_____轴上增加一个_____。

（3）机械臂式码垛机器人可以分为_____码垛机器人和_____码垛机器人。

（4）在工业生产领域，根据达到的堆放要求不同，还可以将码垛机器人分为_____码垛机器人、_____码垛机器人和_____码垛机器人三类。

（5）一般的码垛机器人具有_____个自由度，分别为：_____之间，_____之间，_____之间，_____之间的_____个旋转关节。

（6）码垛机器人本体结构如图 8-22 所示，分别填写各编号所代表的部位：

① _____；② _____；③ _____；④ _____；⑤ _____；⑥ _____；
⑦ _____；⑧ _____；⑨ _____。

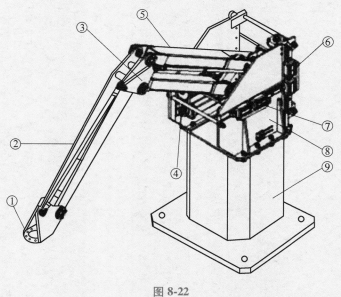

图 8-22

（7）常见的码垛机器人末端执行器主要包括_____、_____、_____和_____等。

（8）在 RAPID 中定义二维数组如下，则 num2 被赋值为_____。

```
VAR num num1{3,4} :=[[1,2,3,4]
                    [5,6,7,8]
                    [9,10,11,12]];
num2 :=num1{3,2};
```

（9）工业机器人码垛生产线包含_____单元、_____单元、_____单元、

_____单元、_____单元、_____单元、_____单元、_____单元等。

2. 简答题

（1）在实际生产中，码垛机器人一般为几轴？多数码垛机器人带有的辅助连杆起什么作用？

（2）SCARA 式码垛机器人与直角坐标式码垛机器人有什么区别？

（3）码垛机器人的主要优势有哪些？

（4）码垛机器人未来发展的主要趋向有哪些方面？

（5）什么是中断程序？

焊接已成为应用最为广泛的材料连接方法，在机械制造、航空航天、桥梁建筑、电子产品生产等行业中得到了越来越普遍的应用。同时，焊接是一项工作环境恶劣、工作强度大、对工作熟练程度要求高且对操作人员会产生潜在危害的工作，在此情况下焊接机器人应运而生。焊接机器人就是从事焊接（包括切割与喷涂）的工业机器人。

焊接机器人集焊接技术、计算机控制、数控加工等于一体，在制造业中的应用数量逐年增加。焊接机器人的使用可以提高焊接生产效率，改善工作人员的劳动条件，稳定和保证产品质量，易于实现产品的差异化生产，并能推动相关产业自动化升级改造。

本章着重介绍焊接机器人的分类、功能、结构、发展前景和操作等，同时介绍国内外几款较为典型的用于焊接作业的工业机器人，并以 ABB 工业机器人为例介绍一些用于焊接任务的程序指令和操作步骤等。此外还讲述机器人焊接生产线的周边辅助设备等，旨在加深对焊接机器人及其规范操作的认知。

9.1 认识焊接机器人

9.1.1 焊接机器人的分类

焊接机器人的分类形式较多，可根据实际应用需求从技术层次、结构形式、受控方式、驱动方式、工艺方法等多个角度对焊接机器人进行分类。

1. 从技术层次分类

从技术层次分类焊接机器人可分为以下三代：

第一代为"示教再现"型焊接机器人。示教也称引导，此类机器人由用户按照实际任务逐步引导机器人执行整个过程。焊接机器人在被引导的过程中记忆示教过程中的每个动作指令（位置、姿态、运动参数、焊接参数等），并生成一个连续执行全部任务的程序。完成示教后只需给焊接机器人一个启动命令，机器人就会按照示教动作精确地完成每一步操作。

第二代是基于传感技术的离线编程焊接机器人。此类机器人借助视觉、电弧、力矩等相关传感器获取焊接环境的信息，并根据传感器获取的相关信息进行自身运行轨迹的优化，以改善示教再现型机器人对焊接环境的适应能力。

第三代为智能焊接机器人。智能焊接机器人是基于机器人焊接任务智能规划、机器人焊接传感与动态过程智能化控制、焊接机器人系统用电源配套设备、焊接机器人运动轨迹控制、机器人焊接复杂系统的智能控制与优化管理、机器人遥控焊接技术等先进技术的具有自主决策和灵活运动的类人思维与动作的高级焊接机器人。

2. 从结构形式分类

从结构形式可将焊接机器人分为直角坐标型、圆柱坐标型、球坐标型、全关节型等四种类型。

3. 从受控方式分类

从受控方式分类，焊接机器人可分为点位控制型、连续轨迹控制型等两种。

4. 从驱动方式分类

从驱动方式分类，焊接机器人可分为气压驱动、液压驱动、电气驱动等三种。

5. 从工艺方法分类

从工艺方法分类，焊接机器人可分为点焊机器人、弧焊机器人、激光焊接机器人、搅拌摩擦焊接机器人、等离子焊接机器人等。其中点焊、弧焊和激光焊接机器人应用比较普遍。

1）点焊机器人是用于点焊自动作业的工业机器人，其末端持握的工具是焊钳。点焊机器人由机器人本体、计算机控制系统、示教盒和点焊焊接系统等几部分组成。由于为了适应灵活作的工作要求，通常点焊机器人选用关节式工业机器人的基本设计，一般具有六个自由度：腰转、大臂转、小臂转、腕转、腕摆及腕捻。

点焊机器人一般应用于汽车车身的自动装配车间。装配一台汽车车体大约需要完成3000~4000个焊点，使用人工来完成不仅会提升生产成本，并且工作质量也得不到保证，所以现在这些作业多数是由点焊机器人完成的。在有些大批量汽车生产线上，需要的点焊机器人数量甚至高达150台。点焊机器人如图9-1所示。

图 9-1　点焊机器人

2）弧焊机器人是指进行自动弧焊的工业机器人，其末端持握的工具是焊枪。弧焊机器人主要用于各类汽车零部件的焊接生产。弧焊机器人的组成和原理与点焊机器人基本相同，一般的弧焊机器人是由示教盒、控制盘、机器人本体、自动送丝装置、焊接电源、焊枪、焊接夹具以及安全防护设施等部分组成。

可以在计算机的控制下实现连续轨迹控制和点位控制。还可以利用直线插补和圆弧插补功能焊接由直线及圆弧所组成的空间焊缝。弧焊机器人主要采用熔化极气体保护焊（MIG焊、MAG焊、CO_2焊）和非熔化极气体保护焊（TIG、等离子弧焊）两种方法，具有可长期进行焊接作业、保证焊接作业的高生产率、高质量和高稳定性等特点。弧焊机器人如图9-2所示。

3）激光焊接机器人是用于激光焊自动作业的工业机器人，其末端持握的工具是激光加工头。激光焊接机器人以半导体激光器作为焊接热源。激光焊接机器人设有位置校正系统，以保证焊点位置的

图 9-2　弧焊机器人

精确及工艺参数的优化。其原理是通过摄像头对工件上的标记点照射后，经高性能图像处理装置和激光变位传感器，对焊接位置和高度进行补正。

可以通过液晶触摸屏对输出功率、激光照射时间、焊接温度曲线等工艺参数进行设定。激光头上配有防烟雾的光学透镜及保护系统，维修时只要更换透镜前端保护玻璃即可。可以通过系统中体积紧凑的强力激光发生器选择与点径相适合的激光束，激光最大功率一般为30W 和 50W（空气冷却）两种，并连续可调，从而达到最佳功率的焊接。半导体激光器〔也称激光二极管（LD）〕作为激光焊接机器人的焊接热源，使得小型化、高性能的激光焊接机器人系统的应用成为现实。通过激光实行局部非接触式，细小直径加热方式的激光焊接机器人系统解决了细微焊接的一大难题。激光焊接机器人如图 9-3 所示。

图 9-3 激光焊接机器人

9.1.2 焊接机器人的功能

焊接机器人在工业生产中得到了广泛的应用，改善了生产条件，提高了生产效率，焊接质量也得到了提升。焊接机器人主要有以下优势：

1）稳定和提高焊接质量，保证其均一性。焊接机器人加工质量以数值的形式反映出来，取决于加工工艺的制定及设备的精度。采用机器人焊接时，每条焊缝的焊接参数都是恒定的，焊缝质量受人为因素影响较小，因此焊接质量稳定。

2）改善了劳动条件，提高了劳动生产率。采用机器人焊接，工人只需要装卸工件，远离了焊接弧光、烟雾和飞溅等有害环境。对于点焊来说，工人无须搬运笨重的手工焊钳，使工人从高强度的体力劳动中解脱出来。机器人可以 24 小时连续生产。

3）产品周期明确，容易控制产品产量。可以缩短产品改型换代的周期，减小相应的设备投资。可实现小批量产品焊接自动化，为焊接柔性生产线提供了基础。

焊接机器人在工业生产领域表现出的高效益、高可靠性、高灵活性的特点为世人瞩目。焊接机器人已从最初的点焊机器人扩展到熔化极气体保护焊、钨极氩弧焊、埋弧焊、搅拌摩擦焊、激光焊、等离子焊、气焊等十多种焊接领域，作业范围已从室内延伸到野外、水下、太空、核环境等。焊接机器人正逐步将焊接工人从高疲劳、高危险的劳动环境中解放出来。

下面分别对点焊机器人、弧焊机器人和激光焊接机器人的功能和应用进行介绍。

1. 点焊机器人

点焊机器人最大应用领域就是汽车工业。在装配每台汽车车体时，有很大一部分的焊点都是由机器人完成的。在诸多焊接方式中，由于点焊只需点位控制，至于焊钳在点与点之间的移动轨迹没有严格要求，因此点焊对机器人的要求是不高的，这也是点焊机器人较早被应用的原因之一。点焊机器人不仅有足够的负载能力，而且在点与点之间移位时速度快捷、动作平稳、定位准确，提高了工作效率。

2. 弧焊机器人

弧焊工艺也早已在诸多行业得到普及，弧焊机械手作为一种自动焊接机器人在通用机械、金属结构等许多行业得到广泛应用。在弧焊作业中，焊枪应跟踪工件的焊道运动，并不断填充金属形成焊缝。因此运动过程中速度的稳定性和轨迹精度是两项重要指标。弧焊机器人有以下几点关键技术：

1）弧焊机器人系统优化集成技术：弧焊机器人采用交流伺服驱动技术以及高精度、高刚性的 RV 减速机和谐波减速器，具有良好的低速稳定性和高速动态响应。

2）协调控制技术：控制多机器人及变位机协调运动，既能保持焊枪和工件的相对姿态满足焊接工艺的要求，又能避免焊枪和工件的碰撞。

3）精确焊缝轨迹跟踪技术：结合视觉传感器的优点实现焊接过程中的焊缝跟踪，提升焊接机器人对复杂工件进行焊接的柔性和适应性。通过视觉传感器获得焊缝跟踪的残余偏差，基于偏差统计获得补偿数据并进行机器人运动轨迹的修正。

3. 激光焊接机器人

激光焊接机器人可以根据不同的工件更改编程示教来完成多项作业任务。大大降低工件加工成本，确保企业生产效率，因此得到广泛应用。激光焊接机器人有如下特征：

1）非接触性。激光形成的点径最小可以达到 0.1mm，送锡装置最小可以达到 0.2mm，可实现微间距封装（贴装）元件的焊接。

2）因为是短时间的局部加热，对基板与周边零件的热影响很小，不易产生收缩、变形、脆化及热裂等热副作用，焊点质量高。无焊头消耗，不需更换加热器。进行无铅焊接时，不易发生焊点裂纹。

3）可以根据加工要求动态地调节激光焦点的功率和大小。光束斑点小，加工精度成倍提高。

除了以上三种焊接机器人在各个领域应用广泛外，摩擦搅拌焊接机器人在铝及铝合金焊接领域也发展迅速。

9.1.3 焊接机器人的结构

焊接机器人包括机器人系统和焊接设备两部分。机器人系统由机器人本体、示教器、控制柜（硬件及软件）组成。而焊接装备，以点焊及弧焊为例，由焊接电源与接口电路（包括控制系统）、送丝机构（弧焊）、焊钳（枪）等部分组成。对于智能机器人还应有传感系统，如激光或摄像传感器及其控制装置等。图 9-4 所示为焊接机器人的系统组成。

虽然焊接机器人的种类繁多，但其系统基本组成基本相同。需要注意的是，点焊机器人的末端执行器（焊钳）因工作场合等因素均有所不同，种类繁多且从不同角度有不同的分类。

（1）按所使用的动力源　点焊机器人的焊钳可分为气动焊钳与伺服焊钳两种。

气动焊钳是点焊机器人通常采用的一种焊钳形式，它是通过压缩空气驱动气缸活塞来带

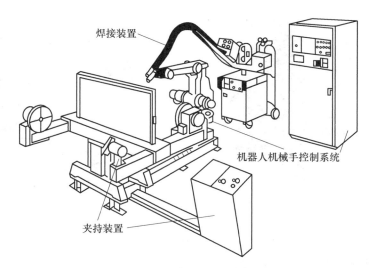

图 9-4　焊接机器人系统组成

动焊钳的上下电极夹紧至预先设定的压力。气动焊钳由动力源气缸、具有补偿功能的浮动机构、钳体、一体式焊钳变压器、上下电极组件和电极等部件组成，如图 9-5 所示。

伺服焊钳与气动焊钳的主要区别就在于伺服焊钳动力源采用的是伺服电动机驱动，用伺服电动机代替气动焊钳中的气缸。焊钳的张开和闭合由伺服电动机驱动码盘反馈，使这种焊钳的张开度可以根据实际需要任意选定并预置，而且电极间的压紧力也可以无级调节。在焊接机器人系统中，伺服焊钳的伺服电动机直接由机器人的伺服控制器控制，相当于机器人的一个附加工装轴。通过伺服电动机编码器的反馈数据准确控制电极的移动量，使焊钳移动侧电极的行程运动处于机器人控制之中。伺服焊钳与气动焊钳相比较有以下优点：①提高了焊接质量；②降低了生产成本；③提高了生产率；④改善了工作环境。伺服焊钳如图 9-6 所示。

图 9-5　气动焊钳

图 9-6　伺服焊钳

（2）按外形结构　点焊机器人的焊钳可分为 X 形点焊钳和 C 形点焊钳两类。

X 形点焊钳用于点焊水平及接近水平位置的焊点，电极的运动轨迹为圆弧线，如图 9-7 所示。

C 形点焊钳用于点焊垂直及接近垂直的焊点，电极做直线运动，如图 9-8 所示。

图 9-7　X 形点焊钳

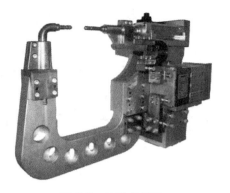

图 9-8　C 形点焊钳

一般情况下，焊点距离制件边缘超过 300mm 的情形选择 X 形点焊钳，焊点距离制件边缘小于 300mm 的情形选择 X 形或 C 形点焊钳均可。

（3）按阻焊变压器与焊钳的结构关系　点焊机器人的焊钳可以分为分离式、内藏式和一体式三类。

分离式焊钳的特点是阻焊变压器与钳体相分离，钳体安装在机器人手臂上，而焊接变压器悬挂在机器人的上方，可以在轨道上沿着机器人手腕移动的方向移动，两者之间用二次电缆相连，如图 9-9 所示。

内藏式焊钳的结构是将阻焊变压器安放到机器人手臂内，使其尽可能地接近钳体，变压器的二次电缆在内部移动，如图 9-10 所示。

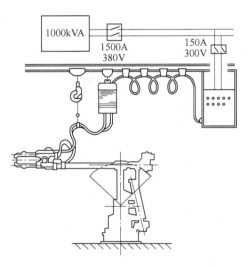

图 9-9　分离式焊钳

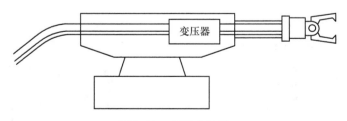

图 9-10　内藏式焊钳

一体式焊钳就是将阻焊变压器和钳体安装在一起，然后共同固定在机器人手臂末端的法兰盘上，如图 9-11 所示。

此外，按照焊钳的行程，点焊机器人的焊钳可以分为单行程和双行程两类。按照焊钳变压器的种类，点焊机器人的焊钳可以分为工频焊钳和中频焊钳两类。按照焊钳的压力大小，点焊机器人的焊钳可以分为轻型焊钳和重型焊钳（一般电极加压在 450kg 以上的焊钳称为重型焊钳，450kg 以下的焊钳称为轻型焊钳）。

9.1.4 焊接机器人的发展前景

实现稳定、优质、高效的焊接连接是应用焊接机器人的意义所在，也是机器人焊接领域研究的重要课题。由于焊接是一个高度非线性、多变量、多种不确定因素作用的过程，使得控制焊缝成形质量极为困难。为了克服上述因素对焊接质量的影响，机器人焊接领域迫切需要采用计算机技术、控制技术、信息和传感技术、人工智能等多学科知识，实现焊接电源静动特性的无级控制、焊接初始位置的自主识别、焊缝实时跟踪、焊接熔池动态特征信息获取、焊接参数自适应调节等，以确保焊接质量和提高焊接效率。

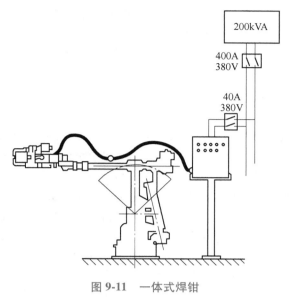

图 9-11　一体式焊钳

纵观国内外焊接机器人的应用及技术现状，未来焊接机器人的发展主要有以下几个方向：

1）向更智能化方向发展。未来焊接机器人需要提高对加工模式及工作环境的识别能力，使其能够及时发现问题并提出解决方案加以实施，创建能够从有限的数据中快速学习的系统。

2）焊接机器人离线编程仿真技术的应用。目前使用的示教再现编程耗时长，机器人长期处于空置状态，影响加工效率。离线编程及计算机仿真技术将工艺分析、程序编制、工艺调整等工作集中于离线操作，不影响焊接机器人的正常生产，这将在提高生产率方面起到积极的作用。

3）基于 PC 的通用型控制。焊接机器人已经开始从之前特定的控制器控制向基于 PC 的通用型控制转变。基于 PC 控制的焊接机器人系统能把声音识别、图像处理、人工智能等一系列研究成果更好地应用于实际生产中。

4）机器人群组式处理任务（多智能焊接机器人调控技术）。在工业上可以根据生产需要将各种功能的机器人组装成一个群组加工平台，更适用于流水线式生产操作。群组加工平台还可以进一步与人工智能相结合，更大程度地实现群组机器人的集中控制。

5）焊接技术柔性化、网络化。将各种光、机、电技术与焊接技术有机结合，实现焊接的精密化和柔性化。用微电子技术改造传统焊接工艺装备，是提高焊接自动化水平的根本途径。无论是控制系统与传感技术，还是虚拟机技术的开发，网络化研究将是重点方向。

综上所述，随着计算机控制技术的不断进步，使焊接机器人由单一的单机示教再现型向多传感、智能化的柔性加工单元（系统）方向发展。实现焊接设备的自动化、柔性化与智能化已成为发展的必然趋势。

9.2　典型的焊接机器人

目前，我国应用的焊接机器人主要来自日系、欧系和国产。欧洲焊接机器人生产厂家有德国的 KUKA、CLOGS，瑞典的 ABB，奥地利的 IGM 及意大利的 COMAU 等；日本主要的焊接机器人厂家有安川 MOTOMAN、FANUC、OTC、川崎、松下以及不二越等。国内的焊接机器人主要有昆山华恒、唐山开元、沈阳新松、广州数控、上海新时达、安徽埃夫特、南京埃斯顿以及烟台得利安等品牌。

沈阳新松机器人公司的 SR165B 型点焊工业机器人通过优化机器人整体尺寸，减少回转时间，节约能耗，达到最优性能。该系列机型采用强劲型手腕，可实现高负载高效作业，有效载荷可达 165kg；精准定位，工作性能稳定可靠；采用网络化控制系统，具有丰富的外部接口及扩展能力，易于集成；支持配套各类应用软件包；采用洁净版的机型设计，使用特殊的粉末涂层阻隔空气颗粒。除点焊外，还适用于搬运、冲压、上下料、铸造、锻造、打磨、装配等作业。SR165B 系列点焊机器人如图 9-12 所示。

日本发那科（FANUC）公司推出的 Robot R-0iB 是一款低价格弧焊机器人，如图 9-13 所示。它在原有机器人的基础上实现了机器人手臂进一步轻量化和紧凑化。这款机器人手臂苗条、安装空间小、机身质量轻（小于 100kg），适合要求动作精细的弧焊作业。可以利用 4D 图形功能使示教变得简单。

图 9-12　沈阳新松机器人公司 SR165B　　　　图 9-13　日本发那科（FANUC）公司 Robot R-0iB
　　　　系列点焊机器人　　　　　　　　　　　　　　　　弧焊机器人

瑞典 ABB 集团推出的 IRB 1520ID 型机器人是一款高精度中空臂弧焊专用机器人（集成配套型）。IRB 1520ID 在数小时内即可完成安装并迅速投入生产，能够提高生产效率，实现高成本效益的稳定生产。中空臂设计的 IRB 1520ID，将软管束和焊接线缆分别同上臂和底座紧密集成，弧焊所需的所有介质（包括焊接电源、焊丝、保护气和压缩空气）均采用这种方式走线。该机器人在焊接圆柱形工件时，动作毫无停顿，一气呵成。这款机器人的到达距离为 1.5m，有效荷重为 4kg，可采用落地式安装或倒置安装。IRB 1520ID 还配备了直观友好、方便使用的 ABB 示教器 FlexPendant。这套系统能够远程连接弧焊系统，进而执行生产监控、快速诊断和预测性维护。ABB IRB 1520ID 型弧焊机器人如图 9-14 所示。

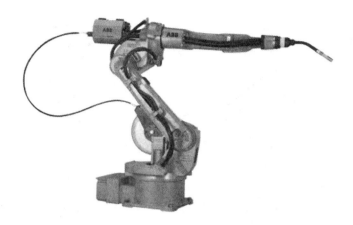

图 9-14　ABB IRB 1520ID 型弧焊机器人

9.3　焊接机器人的操作

9.3.1　相关程序知识

首先了解 ABB 机器人焊接工作的常用程序指令。任何焊接程序都必须以 ArcLStart（直线焊接）或者 ArcCstart（圆弧焊接）开始，通常运用 ArcLstart 作为起始语句。而任何焊接过程都必须以 ArcLEnd 或者 ArcCEnd 结束。焊接中间点用 ArcL＼ArcC 语句，焊接过程中不同语句可以使用不同的焊接参数（SeamData 和 WeldData）。

1）ArcLStart：线性焊接开始指令。用于直线焊缝的焊接开始，工具中心点线性移动到指定目标位置，整个焊接过程通过参数进行监控。程序如下：

ArcLStart p1,v100,seam1,weld5,fine,gun1;

如图 9-15 所示，机器人线性移动到 p1 点起弧，焊接开始。

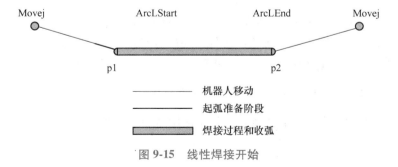

图 9-15　线性焊接开始

2）ArcL：线性焊接指令。ArcL 用于直线焊缝的焊接，工具中心点线性移动到指定目标位置，焊接过程通过参数进行控制。程序如下：

ArcL * ,v100,seam1,weld5\Weave : = Weave1,z10,gun1;

如图 9-16 所示，机器人线性焊接的部分应使用 ArcL 指令。

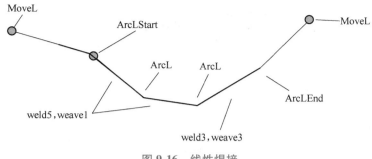

图 9-16　线性焊接

3）ArcLEnd：线性焊接结束指令。用于执行焊缝的焊接结束，工具中心点线性移动到指定目标位置，整个焊接过程通过参数进行控制。程序如下：

ArcLEnd p2,v100,seam1,weld5,fine,gun1;

如图 9-17 所示，机器人在 p2 点使用 ArcLEnd 指令结束焊接。

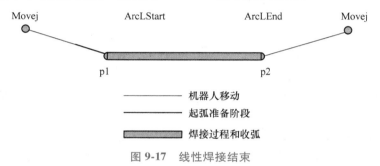

图 9-17　线性焊接结束

4）ArcCStart：圆弧焊接开始指令。用于圆弧焊缝的焊接开始，工具中心点圆周运动到指定目标位置，整个焊接过程通过参数进行控制。程序如下：

ArcCStart p1,p2,v100,seam1,weld5,fine,gun1;

执行以上指令，机器人圆弧运动到 p2 点，在 p2 点开始焊接。

5）ArcC：圆弧焊接指令。ArcC 用于圆弧焊缝的焊接，工具中心点线性移动到指定目标位置，焊接过程通过参数进行控制。程序如下：

ArcC *,　*,v100,seam1,weld\Weave:=Weave1,z10,gun1;

如图 9-18 所示，机器人圆弧焊接的部分应使用 ArcC 指令。

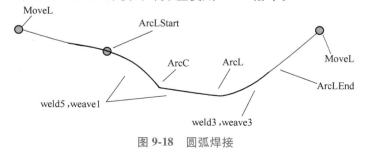

图 9-18　圆弧焊接

6）ArcCEnd：圆弧焊接结束指令。用于圆弧焊缝的焊接结束，工具中心点圆周运动到指定目标位置，整个焊接过程通过参数进行控制。程序如下：

ArcCEnd　p2,p3,v100,seam1,weld5,fine,gun1;

如图 9-19 所示，机器人在 p3 点使用 ArcCEnd 指令结束焊接。

7）中断程序是用来处理在自动生产过程中突发异常状况的机器人程序。中断程序通常可以由以下条件触发：

① 一个外部输入信号突然变为 0 或 1。

② 一个设定的时间到达后。

③ 机器人到达某一个指定位置。

④ 当机器人发生某一错误时。

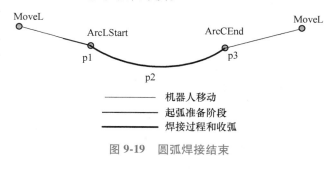

图 9-19　圆弧焊接结束

当中断发生时，正在执行的机器人程序会被停止，转而执行相应的中断程序。当中断程序执行完毕后，机器人将回到原来被停止的程序继续执行。常用的中断指令见表 9-1。

表 9-1　中断指令

指令名称	指令注释
CONNECT	中断连接指令，连接变量和中断程序
ISignalDI	数字输入信号中断触发指令
ISignalDO	数字输出信号中断触发指令
ISipnalGI	组合输入信号中断触发指令
ISignalGO	组合输出信号中断触发指令
IDelete	删除中断连接指令
ISleep	中断休眠指令
Iwatch	中断监控指令，与休眠指令配合使用
lEnable	中断生效指令
IDisable	中断失效指令，与生效指令配合使用

9.3.2　焊接机器人规范操作过程

焊接是一项技术含量较高的作业，焊接机器人需要正确操作才能避免机器故障的发生。下面介绍机器人焊接作业的规范操作过程。

1）机器人送电程序：先打开空气开关，再打开机器人变压器电源开启按钮，其次打开焊接电源开关，最后打开机器人控制柜电源。

2）机器人断电程序：先关闭机器人控制柜电源，后关闭焊接电源开关，其次切断机器人变压器电源，最后关闭空气开关。

3）焊接机器人控制柜送电后，系统启动（包括数据传输）需要一定时间，要等待示教器的显示屏进入操作界面后再进行操作。

4）操作机器人之前，所有人员应退至安全区域（设置的警戒安全线以外）。

5）示教过程中要将示教器时刻拿在手上，不要随意放置。左手套进挂带里，避免失手掉落。电缆线顺放在不易踩踏的位置，使用中不要用力拉拽，应留出宽松的长度。

6）从操作者安全角度考虑已预先设定好一些机器人运行数据和程序，初学者未经允许不要进入这些菜单进行更改，以免发生危险。操作中如遇到异常提示应及时报告指导教师或技术人员处理，不要自行盲目操作。

7）机器人动作中如遇危险状况时，应及时按下紧急制动开关，使机器人停止，以免造成人员伤害或物品损坏。

8）程序编好后，用跟踪操作把程序空走一遍，逐行修改迹点，检查行走轨迹和各种参数准确无误后，打开保护气瓶的阀门。然后按亮示教器上的检气图标，调整流量计的悬浮小球，关闭检气，把光标移至程序的起始点。

9）进行焊接作业前，先将示教器挂好，钥匙旋转到"Auto"侧，打开除烟尘设备后，按下机器人启动按钮。观察电弧时，应手持面罩，避免眼睛裸视或皮肤外露而被弧光灼伤，发现焊接异常应立即按下停止按钮，并做好记录。

10）结束操作后，将模式开关的钥匙旋转到"Teach"侧，关闭除尘器设备，关闭保护气瓶上的气阀，放空气管内的残余气体。将焊接机器人归为初始原位，退出示教程序，然后按要求关闭电源，把示教器的控制电缆线盘整理放好，将示教器挂在指定的位置，整理完现场后离开。

以上介绍了焊接机器人操作的要点，焊接机器人的操作者必须经过专业培训，持证上岗。操作者要掌握机器人的正确操作规范及日常保养维修事项。

9.3.3　机器人焊接生产线及辅助设备

焊接机器人是由机器人本体、控制柜、示教器、焊接电源与接口电路、焊枪、送丝机构、电力电缆、焊丝盘架、气体流量计、工频变压器、焊枪防碰撞传感器、控制电缆等组成的。焊接机器人系统除机器人的各个部件外，还包括外部装置电气控制、工装夹具、扩展设备如外部轴（变位系统、直线移动机构）等。除了以单台机器人为主构成的焊接系统外，还有采用多机器人协作方式的焊接工作站或生产线。

1. 机器人焊接生产线

完整的机器人焊接生产线一般由以下几部分组成：①机器人系统，包括机器人本体、控制柜、示教器；②焊接系统，包括焊接电源、焊枪焊钳、送丝机构、供气机构等；③焊接辅助系统，包括焊接变位移动装置、焊接工装夹具及扩展设备等；④焊接外部传感系统，包括采集焊接环境信息的视觉传感器、采集焊缝和焊接熔池信息的视觉传感器以及反馈焊接电压波动的电弧传感器等；⑤焊接综合处理与控制系统，包括焊接工艺数据库、焊接任务自主规划、编程仿真系统、传感器信息处理系统及机器人焊接运行的协调控制系统。

焊接机器人系统工作时，至少需要一个工作台。将工件装夹在上面，并运送到机器人焊接的合适位置。这样就构成了一个简单的机器人焊接系统，称为机器人焊接工作站。如果机器人组成一个焊接生产线，则这个系统就变得更为复杂。

机器人要完成焊接作业，必须依赖于控制系统与辅助设备的支持和配合。完整的焊接机器人系统一般由机器人操作手、变位机、控制器、焊接系统（专用焊接电源、焊枪或焊钳等）、焊接传感器、中央控制计算机和相应的安全设备等组成，如图9-20所示。

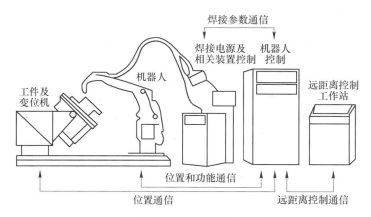

图 9-20 机器人焊接生产线

2. 焊接机器人辅助设备

焊接机器人完成一项焊接工作还需要一些辅助设备。常见的焊接机器人辅助设备有变位机、滑移平台、清焊装置和工具快换装置等。

1）变位机是机器人焊接生产线及焊接柔性加工单元的重要组成部分，如图 9-21 所示。对于一些空间几何形状过于复杂的工件，焊接机器人的末端工具无法到达指定的焊接位置或姿态，此时可以通过增加 1~3 个外部轴来增加机器人的自由度。其中一种做法是采用变位机让焊接工件移动或转动，使工件上的待焊部位进入机器人的作业空间。根据实际生产的需要，焊接变位机有多种形式，如单回转式、双回转式和倾翻回转式。

图 9-21 焊接变位机

2）滑移平台用于安置机器人或焊丝支架，可以显著加大焊接机器人的工作范围，如图 9-22 所示。当遇到大型结构件的焊接作业时，可以把机器人本体装在可移动的滑移平台或龙门架上以扩大机器人本体的作业空间。也可以采用变位机和滑移平台的组合，确保工件的待焊部位和机器人都处于最佳焊接位置和姿态。滑移平台的动作控制可以看作是机器人关节坐标系中的一个轴。

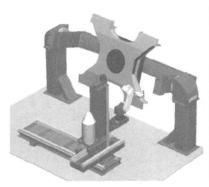

a) 中心支架的应用案例   b) 动臂的应用案例

图 9-22 滑移平台在机器人焊接生产中的应用

3）清焊装置也非常重要。众所周知，焊接机器人具有生产效率高和焊接质量稳定等突出特点，机器人没有疲劳，一天可以 24h 连续生产。然而，焊接机器人在施焊过程中焊钳的电极头氧化磨损、焊枪喷嘴内外残留的焊渣以及焊丝伸长度的变化等严重影响产品的焊接质量及其稳定性。清焊装置就是完成清理这些焊接残留物的设备，如图 9-23 所示。清焊装置主要包括焊钳电极修磨机（点焊）和焊枪自动清枪站（弧焊）。

a) 焊钳电极修磨机　　　　　b) 焊枪自动清枪站

图 9-23　焊接机器人清焊装置

4）工具快换装置也是焊接机器人的重要辅助设备之一。在多任务环境下，一台机器人可以完成包括焊接在内的抓物、搬运、安装、焊接、卸料等多种任务。为此机器人应该可以根据程序要求和任务性质，自动更换机器人手腕上的工具，完成相应的任务。以弧焊机器人为例，在其作业过程中，焊枪是一个重要的执行工具，需要定期更换或清理焊枪配件，如导电嘴、喷嘴等。这样不仅浪费工时，而且增加维护费用。采用自动换枪装置就可以有效地解决此类问题，使得机器人的空闲时间大为缩短，从而保证焊接过程的稳定性、系统的可用性、产品质量和生产效率。它适用于不同填充材料或必须在工作过程中改变焊接方法的自动焊接作业场合，图 9-24 所示为弧焊机器人的自动换枪装置。

图 9-24　自动换枪装置

焊接机器人是成熟、标准、批量生产的高科技产品，但其辅助设备是非标准的，需要专业设计和非标产品制造。焊接机器人辅助组件设计的依据是焊接工件，由于焊接工件的差异很大，需要的辅助设备差异也就很大，繁简不一。

本 章 小 结

焊接机器人就是从事焊接（包括切割与喷涂）的工业机器人。焊接机器人集焊接技术、计算机控制、数控加工等多领域技术于一体，在制造业中的应用数量逐年增加。

　　焊接机器人的分类形式多样，可根据实际应用需求从技术层次、结构形式、受控方式、驱动方式、工艺方法等多个角度对焊接机器人进行分类。从技术层次焊接机器人可分为以下三代：第一代"示教再现"型焊接机器人、第二代基于传感技术的离线编程焊接机器人、第三代智能焊接机器人。从工艺方法角度，焊接机器人可分为点焊、弧焊、激光焊接、搅拌摩擦焊接、等离子焊接机器人等。其中点焊机器人、弧焊机器人和激光焊接机器人在焊接机器人中应用比较普遍。

　　焊接机器人系统主要包括机器人和焊接设备两部分。机器人由机器人本体、示教器、控制柜（硬件及软件）组成。而焊接设备，以点焊及弧焊为例，则由焊接电源与接口电路（包括其控制系统）、送丝机构（弧焊）、焊钳（枪）等部分组成。对于智能焊接机器人还应有传感系统，如激光或摄像传感器及其控制装置等。

　　点焊机器人末端执行器（焊钳）因工作场合等因素均有所不同，种类繁多且从不同角度有不同的分类。焊接机器人完成一项焊接工作还需要一些辅助设备，常见的焊接机器人辅助设备有变位机、滑移平台、清焊装置和工具快换装置等。

　　正确认识焊接机器人的相关操作对于学习和了解焊接机器人至关重要。本章也介绍了ABB 工业机器人用于焊接作业的一些常用指令，以及焊接机器人的规范操作步骤。

思考与练习题

1. 填空题

（1）从结构形式角度，可将焊接机器人分为_____焊接机器人、_____焊接机器人、_____焊接机器人、_____焊接机器人等。

（2）从受控运动方式角度，焊接机器人可分为_____焊接机器人、_____焊接机器人等。

（3）从驱动方式角度，焊接机器人可分为_____焊接机器人、_____焊接机器人、_____焊接机器人等 3 种。

（4）从工艺方法角度，焊接机器人可分为_____机器人、_____机器人、_____机器人、_____机器人、_____机器人等。

（5）点焊机器人的末端执行器为_____，弧焊机器人的末端执行器为_____，激光焊接机器人的末端执行器为_____。

（6）弧焊机器人主要采用_____和_____两种焊接方法。

（7）任何焊接程序都必须以_____或者_____开始，通常运用_____作为起始语句；任何焊接过程都必须以_____或者_____结束。

2. 简答题

（1）从技术层次分类，焊接机器人可分为哪三代？请分别对其进行简要描述。

（2）焊接机器人有什么优势？

（3）弧焊机器人的关键技术是什么？

（4）请说出点焊机器人末端执行器在不同角度下的分类。

（5）伺服焊钳与气动焊钳相比有哪些优点？

（6）简述焊接机器人未来的发展方向。

10 第 10 章 工业机器人应用 4——装配

产品的装配工序是产品生产制造过程的后续工序，在产品生产的人力、物力、财力消耗中也占有很大比例。装配机器人是工业生产中用于装配生产线上对零件或部件进行装配的工业机器人。与其他类型工业机器人相比，装配机器人属于更加高级、精密、尖端的机电一体化产品，它是集光学、机械、微电子、自动控制和通信技术于一体的高科技产品，是柔性自动化装配系统的核心设备。

装配机器人主要用于各种电器制造（包括家用电器，如电视机、录音机、洗衣机、电冰箱、吸尘器）、小型电机、汽车及其部件、计算机、玩具、机电产品及其组件的装配等方面。

本章着重介绍装配机器人的分类、功能、结构、发展前景和操作等，同时介绍国内外几款较为典型的用于装配作业的工业机器人，并以 ABB 工业机器人为例介绍用于装配任务的程序指令和操作步骤等。此外还介绍机器人装配生产线的周边辅助设备，旨在加深对装配机器人及其规范操作的认识。

10.1 认识装配机器人

10.1.1 装配机器人的分类

根据适应的环境不同，装配机器人可以分为普及型装配机器人和精密型装配机器人两大类。装配机器人大多数是 4~6 轴机器人，根据其臂部的运动形式不同，又可以分为直角坐标型装配机器人、垂直多关节型装配机器人、平面关节型装配机器人和并联关节型装配机器人等。

1. 直角坐标型装配机器人

直角坐标型装配机器人又称为单轴机械手，其结构在目前的工业机器人中是最简单的一类，如图 10-1 所示。直角坐标型装配机器人以 XYZ 直角坐标系统为基准，在 X、Y 和 Z 轴上进行线性运动。它被限制在框架内运动，框架可以是标准或半标准的线性滑轨和滚珠丝杠。直角坐标型装配机器人的工作空间类似于一个矩形，它使用笛卡儿坐标系进行定位。在机构方面，装配机器人大部分都装备球形螺钉和伺服电动机，具有速度快、精度高、操作及编程简单等特点。直角坐标型装配机器人多为龙门式和悬臂式。

2. 垂直多关节型装配机器人

垂直多关节型装配机器人又称为垂直串联关节式装配机器人，如图 10-2 所示。该类装配机器人大多具有 6 个自由度，可以在空间的任意位置确定任意姿态。因此这类机器人所面向的往往是在三维空间的任意位置和姿势的作业，其最大工作空间类似一个球体，通常使用极坐标系定义空间中的点。该类装配机器人由控制器、伺服驱动系统和检测传感装置等构成。

图 10-1　直角坐标型装配机器人

图 10-2　垂直多关节型装配机器人

3. 平面关节型装配机器人

平面关节型装配机器人又称为水平串联关节式装配机器人或 SCARA 装配机器人，是由日本山梨大学工学部精密工学研究所开发的。平面关节型装配机器人有一个牢固的底座，它的机器手臂固定在 Z 轴上，同时在 X、Y 轴上旋转运动。机械手臂的中间还有一个附加的 XY 轴关节，手臂末端的线性驱动器使 Z 轴运动对底座平面成 90°，线性驱动器还有一个额外的 θ 轴，这样该类型装配机器人一共具有 4 个轴自由度（两个回转关节、上下移动以及手腕的转动）。该机器人最大的工作空间相当于圆柱体的一部分，大量的装配作业是竖直向下的。它要求手爪的水平（X、Y）移动有较大的柔顺性，以补偿位置误差。而竖直（Z）移动以及绕水平轴转动则有较大的刚性，以便准确有力地装配。平面关节型装配机器人承受的物体重量会在其旋转关节上产生径向载荷，所以它的轴承必须足够坚固。平面关节型装配机器人的控制系统比较简单，是目前应用较多的装配机器人之一，如图 10-3 所示。

图 10-3　平面关节型装配机器人

4. 关联关节型装配机器人

并联关节型装配机器人也叫拳头机器人、蜘蛛机器人或 Delta 机器人，可以安装在任意倾斜角度上。并联机器人就像一个倒挂的有三个脚的蜘蛛，其设计初衷是运用于轻型负载的取放作业，它的其他用途包括 3D 打印、手术和装配操作。它是一种高速、轻载的并联机器人，有三组平行的手臂和线性驱动器，当对驱动器施加作用力时，末端执行器会在 X、Y 和 Z 轴上移动但是不会出现旋转。与机械臂不同，它可以在工作空间内进行 360°的圆形移动。一般通过示教编程或视觉系统捕捉目标物体，由三个并联的伺服轴确定爪具中心（TCP）的空间位置，实现目标物体的运输、加工等操作。图 10-4 所示为并联关节型装配机器人。

10.1.2　装配机器人的功能

装配机器人作为柔性自动化装配作业线的核心设备，在不同装配生产线上发挥着强大的装配作用。装配机器人的主要优势如下：

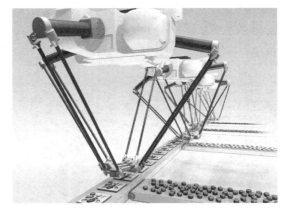

图 10-4　并联关节型装配机器人

1）操作速度快，加速性能好，缩短工作循环时间。

2）精度高，具有极高的重复定位精度，保证装配精度。

3）能够实时调节生产节拍和末端执行器的动作状态。

4）可以通过更换不同的末端执行器来适应装配任务的变化，方便快捷。

5）柔顺性好，能够与零件供给器、输送装置等辅助设备集成，能与其他系统配套使用，实现柔性化生产。

6）多带有视觉传感器、触觉传感器、接近度传感器和力传感器等，大大提高了装配机器人的作业性能和环境适应性，保证装配任务的精准性。

总而言之，装配机器人具有精度高、稳定性高、柔顺性好、工作效率高等优点。下面分别介绍直角坐标型装配机器人、垂直多关节型装配机器人、平面关节型装配机器人和并联关节型装配机器人的功能和应用。

1. 直角坐标型装配机器人的功能和应用

直角坐标型装配机器人是运动自由度仅包含三维空间正交平移的自动化设备。其组成部分包含直线运动轴、运动轴的驱动系统、控制系统和终端设备等。它可以有超大行程，组合能力强。该类装配机器人的功能和特性如下：

1）多自由度运动，每个运动自由度之间的空间夹角为直角。

2）灵活、多功能，因操作工具的不同功能也不同。可用于零部件移送、简单插入、旋拧等作业。

3）结构相对简单，便于操作维修。运动直观、速度高、可靠性高、位置精度高。

2. 垂直多关节型装配机器人的功能和应用

垂直多关节型装配机器人具有很高的自由度，它可以将机械手臂末端工具以几乎任意角度放置成空间中的任意姿态，适合于多轨迹或多角度的工作。可以自由编程，自动控制，工作范围很大，能在三维空间完成各种作业，特别适用于多品种、变批量的柔性化生产作业。垂直多关节型装配机器人的主要功能和特性如下：

1）结构设计精致、可灵活装卸、可靠性高，且结构简单，组装维护保养方便。

2）自动控制，可重复编程，所有的运动均按程序运行。

3）多轴机械手臂联动，采用精密步进电动机驱动以及先进的运动控制算法，有效提升运动定位精度和重复精度。

3. 平面关节型装配机器人的功能和应用

平面关节型装配机器人是目前装配生产线上应用最多的，它属于精密型装配机器人。该类装配机器人具有以下功能和特性：

1）结构简单，一般为 4 个自由度，操作容易，制造成本低。与相同尺寸参数的直角坐标型机器人相比，机械本体占地面积小，但活动范围却比其大很多。

2）它在工具的活动平面上具有很大的柔顺性，而在工具活动的竖直方向上具有很强的刚性，可承受较大的作用力。因此适用于平面定位、竖直方向进行装配的作业。

3）重复定位精度一般为 0.03~0.05mm，精密的可以达到 0.01mm。搬取质量为 5~10kg。动作速度大，手臂末端合成速度一般为 3~5m/s，最大可达 9m/s。

4）控制方式一般为 PTP 控制（点位控制），也有的可以实现 CP 控制（轨接控制），程序运算量少，易于实现实时控制。

5）在工具末端使用位移激光器可以在装配线上实现高速的三维坐标测量仪（CMM）功能。配备机器视觉系统的平面关节型装配机器人可以完成精密的非接触式检测。

4. 并联关节型装配机器人的功能和应用

并联关节型装配机器人是一种由移动副或转动副驱动（由连杆或铰链相对运动驱动）的并联机器人，具有小巧高效、安装方便、精准灵敏等优点，在电子、轻工、食品与医药等行业中得到了广泛的应用。该类型机器人是典型的空间三自由度并联机构，其主要具有如下功能和特性：

1）并行三自由度机械臂结构，整体结构精密、紧凑，重复定位精度高。

2）并联机构使其可以实现快速、敏捷动作，并且减少了非累积定位误差，最快抓取速度可达 2~4 次/s，适用于对物料的高速搬运操作。

3）采用闭环机构，其末端件上的动平台同时由 2~4 根驱动杆支撑，与串联机器人的悬臂梁相比，其承载能力强、刚度大、结构稳定、自重负荷比小、动态性能好。

4）可将驱动器布置在机架（固定平台）上，并且可将从动臂做成轻杆，这样极大地提高系统的动力性能，减少机器人运动过程中的惯量，机器人在运动过程中可以实现快速加减速。

10.1.3　装配机器人的结构

装配机器人系统由机器人本体、装配系统、控制系统、传感系统、行走系统和安全保护系统等组成，如图 10-5 所示。

1. 装配机器人本体

装配机器人本体包括基座、手臂、手腕等。手臂和手腕是机器人执行机构中的基本部件，由旋转运动和往复运动的机构组成。多数机器人的手臂和手腕是由关节和杆件构成的空间机构，大多数装配机器人有 3~6 个运动自由度，其中腕部通常有 1~3 个运动自由度。

2. 装配机器人的装配系统

装配机器人的装配系统包括手爪（末端执行器）、气体发生装置、真空发生装置或电动装置等。装配机器人的末端执行器是机器人手腕末端机械接口所连接的直接参与作业（夹持工件移动）的一种夹具，类似于码垛机器人的末端执行器，为适应不同的装配对象有不同的种类。常见的装配机器人末端执行器有吸附式、夹钳式、专用式和组合式。

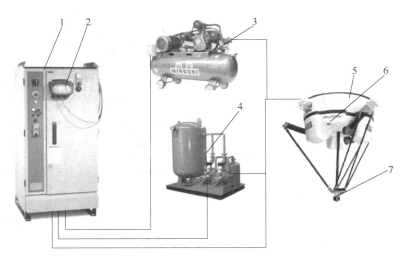

图 10-5　装配机器人系统组成

1—机器人控制柜　2—示教器　3—气体发生装置　4—真空发生装置

5—机器人本体　6—视觉传感器　7—气动手爪

（1）吸附式　吸附式末端执行器手爪相对比较简单，价格便宜，广泛应用于电视、录音机、鼠标等轻小物品装配场合。图 10-6 所示为装配机器人的吸附式末端执行器。

（2）夹钳式　夹钳式末端执行器手爪是装配过程中最常用的一类手爪，多采用气动或伺服电动机驱动，闭环控制配备传感器可实现准确控制手爪起动、停止、转速并对外部信号做出准确反应。图 10-7 所示为装配机器人的夹钳式末端执行器。

图 10-6　吸附式末端执行器

图 10-7　夹钳式末端执行器

（3）专用式　专用式末端执行器手爪是在装配中针对某一类装配场合而单独设计制造的末端执行器，部分类型带有磁力，常见的是螺钉、螺栓的装配，与夹钳式一样多采用气动或伺服电动机驱动。图 10-8 所示为装配机器人的专用式末端执行器。

（4）组合式　组合式末端执行器手爪在装配作业中是通过组合获得各单组手爪优点的一类末端执行器，其灵活性较大。多用在机器人进行相互配合装配时，可以大幅节约时间、提高效率。图 10-9 所示为装配机器人的组合式末端执行器。

图 10-8　专用式末端执行器

图 10-9　组合式末端执行器

3. 装配机器人的控制系统

装配机器人的控制系统包括计算机控制系统、伺服驱动系统、电源装置、示教器等。控制系统按照输入的程序对驱动系统和执行机构发出指令信号。驱动系统包括动力装置和传动机构，用于使执行机构产生相应的动作。根据动力源的类别不同，可以分为电动机驱动、液压驱动和气压驱动三类。

4. 装配机器人的传感系统

装配机器人的传感系统用来获取装配机器人与环境和装配对象之间相互作用的信息。带有传感器的装配机器人可以更好地顺应对象物进行柔软的操作，如更好地完成销、轴、螺钉、螺栓等柔性化装配作业。装配机器人经常使用的传感器有视觉传感器、接触觉传感器、接近觉传感器、力觉传感器和滑觉传感器等。

（1）视觉传感器　视觉传感器主要功能是获取足够信息量的原始图像，通过零件平面测量、形状识别等检测行为完成零件或工件的位置补偿、零件残次品的判别和确认等。

（2）接触觉传感器　接触觉传感器一般固定在末端执行器的指端，只有末端执行器与被装配物件相互接触时才起作用。它是用以判断机器人（主要指四肢）是否接触到外界物体或测量被接触物体硬度特征的传感器。接触觉传感器有微动开关、导电橡胶、含碳海绵、碳素纤维、气动复位式装置等类型。

（3）接近觉传感器　接近觉传感器同样固定在末端执行器的指端，是在末端执行器与被装配物件接触前起作用，是一种非接触传感器。机器人利用它可以感觉到近距离的对象或障碍物，能检测出与物体的距离、相对倾角甚至对象的表面特性，可用来防止碰撞，实现无冲击接近和抓取操作。它比视觉系统和触觉系统简单，应用也比较广泛。

（4）力觉传感器　力觉传感器用于测量机器人自身或与外界相互作用而产生的力或力矩，普遍存在于各类机器人中，通常装在机器人的各关节处。在装配机器人中，力觉传感器不仅用于末端执行器与环境作用过程中的力测量，而且用于装配机器人自身运动控制和末端执行器夹持物体的夹持力的测量。常见的装配机器人力觉传感器有关节力传感器、腕力传感器、指力传感器等。

（5）滑觉传感器　滑觉传感器用于判断和测量机器人抓握或搬运物体时物体所产生的滑移，它实际上是一种位移传感器。按有无滑动方向检测功能可分为无方向性、单方向性和全方向性三类。

1）无方向性传感器是指在滑动时探针产生振动并转换为相应的电信号。只能判断出是否存在滑动而无方向感。

2）单方向性传感器有滚筒光电式。当被抓物体的滑移使滚筒转动时，将导致光电二极管接收到透过码盘（装在滚筒的圆面上）的光信号，通过滚筒的转角信号测出物体的滑动方向。

3）全方向性传感器采用表面包有绝缘材料并构成经纬分布的导电与不导电区的金属球。当传感器接触物体并产生滑动时，球发生转动，使球面上的导电与不导电区交替接触电极，从而产生通断信号。通过对通断信号的计数和判断可测出滑移的大小和方向。

5. 装配机器人的行走系统

装配机器人的行走系统分为轮式、履带式和步行式等几种类型，也可以采用螺旋桨式或者其他形式的推进机构。目前装配机器人的行走装置多采用轮式机构。

6. 装配机器人的安全保护系统

装配机器人的安全保护系统主要包括以下几个方面：

（1）控制方面　一般装配线上有多台机器及其配套的专用设备，它们各自完成一定的动作，既要保证这些动作按既定程序执行，又要保证系统的安全运行。因此，必须严格对其作业状态进行检测与监控，以防止错误操作，必要时还要进行人工干预。所以，监控系统是整条自动线的核心部分。

（2）气动系统方面　根据具体情况，使用专用气源装置，将空气过滤、除湿，并保证气压的稳定。在保证装配线生产效率的前提下，对执行气缸采取适当的缓冲措施以避免冲击。

（3）操作人员培训方面　在安装调试阶段就应注意培养操作人员的正确工作方式，操作人员应参与装配线的安装、调试和运行操作过程，以避免人为失误。

（4）安全线的使用　安全线使用安全栅栏，规定工件上下料路线，避免非操作人员进入作业区。

10.1.4　装配机器人的发展前景

装配机器人是集机械、电子、控制、计算机、传感器、人工智能等多学科先进技术于一体的自动化装备，已成为柔性制造系统、自动化工厂、计算机集成制造系统中代表性的自动化设备。装配机器人的发展趋势主要集中在以下几个方面：

1）操作机结构的优化设计：探索新的高强度轻质材料，进一步提高负载/自重比，同时机构进一步向着模块化、可重构方向发展。

2）直接驱动装配机器人：传统机器人都要通过减速装置来达到降速并提高输出力矩的目的。这些传动链会增加系统功耗，产生惯量、误差等，并降低系统可靠性。采用高扭矩低速电动机直接驱动是一种趋势。

3）多传感器融合技术：为进一步提高机器人的智能和适应性，多种传感器融合是关键。

4）机器人遥控及监控技术：通过网络建立大范围的机器人遥控系统，在有时延的情况下，建立预先显示进行遥控等。

5）虚拟机器人技术：基于多传感器、多媒体和虚拟现实以及临场感技术，实现机器人的虚拟遥操作和人机交互。

6）并联机器人迅速发展：传统机器人采用连杆和关节串联结构，而并联机器人执行机构的分布得到了改善，减少了非累积定位误差。而且其控制算法更加直接、奇异位置相对较少，所以近年来倍受重视。

7）多智能体（multi-agent）协调控制技术：这是目前机器人研究的一个新领域，是对多智能体的群体体系结构、相互间的通信与磋商机理、感知与学习方法、建模和规划、群体行为控制等方面进行的研究。同时，也要关注同一机器人双臂的协作，以及人与机器人的协作。

10.2 典型的装配机器人

随着计算机技术、微电子技术、网络技术等的快速发展，必将迎来装配机器人的飞速发展。下面介绍几款国内外典型的装配机器人。

我国台达公司推出的 DRS50L/DRS70L 系列 SCARA 装配机器人是具有 500mm/700mm 臂长的典型的平面关节型装配机器人。该系列机器人提供免传感器的顺应控制机能，可以快速精准地完成装配作业。该系列装配机器人还提供加工轨迹自动规划功能。此外，该系列搭配台达工业自动化产品（如伺服系统、视觉系统、线性模块等）整合外围系统，可打造出精简、高整合的装配机器人工作站。图 10-10 所示为台达公司 DRS50L 系列 SCARA 装配机器人。

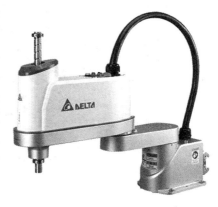

图 10-10　台达公司 DRS50L 系列
SCARA 装配机器人

日本 FANUC（发那科）公司推出的 M-1iA 系列机器人是一款超轻量、紧凑的 6 轴平行连杆结构的并联关节型装配机器人。它可用于小型物品的搬运、高速抓取和装配。轻量级（6 轴总重 17kg）紧凑型的设计可以从容应对狭窄空间的作业环境；采用分离式台架，能够更简便地安置在机械装置内；配有内置式隐藏 iRVision 视觉摄像头；采用传感系统，具有碰撞检测功能，可瞬时检测到来自外部物体的碰撞并紧急停机；使用 R-30iA Mate 控制器，提供了智能的机器人功能；能够通过网络通信交换机器人的位置信息，可同时控制多达 10 台机器人使之能够协调作业。图 10-11 为 FANUC 公司的 M-1iA 系列装

图 10-11　FANUC 公司 M-1iA 系列装配机器人

配机器人。

瑞典 ABB 公司推出的协作双臂装配机器人 YuMi，真正实现了人机协作。它具有视觉和触觉，并配备力觉传感器。YuMi 采用紧凑型设计，拥有一副轻量化的刚性镁铝合金骨架以及被软性材料包裹的塑料外壳，能够很好地吸收对外部的冲击，保证了人类同事的安全，使其可在开放性环境中工作。YuMi 拥有双臂和多功能智能双手，具有通用小件进料器，可以基于机器视觉完成部件定位。YuMi 将人与机器人并肩合作变为现实。图 10-12 所示为 ABB 公司的 YuMi 双臂装配机器人。

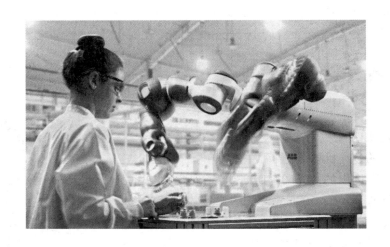

图 10-12　ABB 公司 YuMi 双臂装配机器人

10.3　装配机器人的操作

10.3.1　装配机器人的典型作业任务

本节以一个具体的装配作业为例，讲述 ABB 机器人装配任务的实施。

1. 任务描述

完成对 USB 无线接收器的装配工作。

机器人需要完成的任务是把排列在支架上的 4 个工件依序放到组装支架上，每次在装配点放下工件后机器人都要迅速竖直抬起，然后轻轻垂直向下按入该工件。工件装配单元如图 10-13 所示，由图中可以看出，根据 4 个工件各自的形状以及放置方式不同，需要用到不同的末端执行器。因此机器人末端执行器为手爪+吸盘组合式结构，如图 10-14 所示。

2. 任务实施

1）设计机器人程序流程如图 10-15 所示。

2）机器人运动所需示教点分别为点 P1_20、点 P2_20、点 P3_20 和点 P4_20，如图 10-16 所示。

该装配任务中的关键示教点、信号和坐标系及其说明见表 10-1。需要注意的是工件 1、2、3 都是使用手爪末端执行器来抓取，而工件 4 是用吸盘末端执行器吸取。

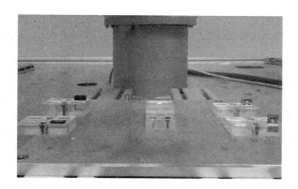

图 10-13　工件装配单元

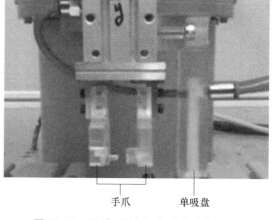

手爪　　　单吸盘

图 10-14　手爪+吸盘组合式末端执行器

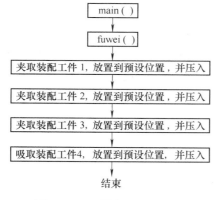

图 10-15　机器人程序流程图

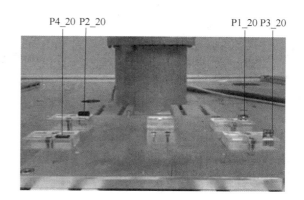

图 10-16　示教点分布

表 10-1　关键示教点、信号和坐标系

序号	示教点、信号和坐标系	说　明	备　注
1	P_home	机器原点位置	需示教
2	P1_10	装配工件 1 夹取位置	需示教
3	P1_10~P1_80	移动工件 1 的过渡点和作业点	需示教
4	P1_50	装配工件 1 放置点	需示教
5	P1_70	装配工件 1 压入点	需示教
6	P2_10	装配工件 2 夹取位置	需示教
7	P2_10~P2_80	移动工件 2 的过渡点和作业点	需示教
8	P2_50	装配工件 2 放置点	需示教
9	P2_70	装配工件 2 压入点	需示教
10	P3_10	装配工件 3 夹取位置	需示教
11	P3_10~P3_80	移动工件 3 的过渡点和作业点	需示教
12	P3_50	装配工件 3 放置点	需示教

（续）

序号	示教点、信号和坐标系	说　明	备　注
13	P3_70	装配工件 3 压入点	需示教
14	P4_10	装配工件 4 吸取位置	需示教
15	P4_10~P4_80	移动工件 4 的过渡点和作业点	需示教
16	P4_50	装配工件 4 放置点	需示教
17	P4_70	装配工件 4 压入点	需示教
18	do01	手爪信号	1 为打开
19	do02	吸盘信号	1 为打开
20	tool1	手爪工具坐标系	需建立
21	zp_wobj1	工件坐标系	需建立
22	tool0	默认工具坐标系	无需建立
23	wobj0	默认工件坐标系	无需建立

3）ABB 机器人程序设计：整个程序需要一个主程序"main（）"，一个复位程序"fuwei（）"，4 个工件装配子程序"zhuangpei_1（）"、"zhuangpei_2（）"、"zhuangpei_3（）"和"zhuangpei（）_4"。

① 主程序编写如下：

```
PROC main( )
fuwei;                ! 调用复位子程序
zhuangpei_1;          ! 调用工件 1 的装配子程序
zhuangpei_2;          ! 调用工件 2 的装配子程序
zhuangpei_3;          ! 调用工件 3 的装配子程序
zhuangpei_4;          ! 调用工件 4 的装配子程序
fuwei;                ! 调用复位子程序
ENDPROC
```

② 复位程序编写。

在"fuwei（）"程序中，要让机器人回到原点并将所有信号复位。参考程序如下：

```
PROC fuwei( )
Reset do01;          ! 手爪关闭
Reset do02;          ! 吸盘关闭
MoveJ p_home,v150,fine,tool0\ WObj: = wobj0;
ENDPROC
```

③ 工件 1 装配程序编写。

"zhuangpei_1（）"程序中，先是夹取工件 1，接着将工件 1 提起到一个合适的高度，再移到组装位置的上方，最后将工件放置到组装的位置，然后压入。工件 1 的装配流程如图 10-17 所示。

a) 夹取工件 1

b) 放置工件 1

c) 压入工件 1

d) 离开工件 1

图 10-17　工件 1 装配流程

参考程序如下：

```
PROC zhuangpei_1( )
MoveJ p_home,v150,fine,tool0\ WObj:= wobj0;
! 运动到原点位置
MoveL p1_10,v50,fine,tool1\ WObj:= zp_wobj1;
! 沿直线运动到夹取工件 1 邻近点
MoveL p1_20,v50,fine,tool1\ WObj:= zp_wobj1;
! 沿直线运动到夹取工件 1 作业点
Set do01;　! 手爪夹紧
WaitTime 0. 5;
MoveL p1_30,v50,fine,tool1\ WObj:= zp_wobj1;
! 沿直线运动到夹取工件 1 规避点
MoveL p1_40,v50,fine,tool1\ WObj:= zp_wobj1;
! 沿直线运动到放置工件 1 邻近点
MoveL p1_50,v10,fine,tool1\ WObj:= zp_wobj1;
! 沿直线运动到放置工件 1 作业点
Reset do01;　! 手爪松开
WaitTime 0. 5;
MoveL p1_60,v50,fine,tool1\ WObj:= zp_wobj1;
! 沿直线运动到压入工件 1 邻近点
MoveL p1_70,v10,fine,tool1\ WObj:= zp_wobj1;
! 沿直线运动到压入工件 1 作业点
MoveL p1_80,v50,fine,tool1\ WObj:= zp_wobj1;
! 沿直线运动到压入工件 1 规避点
MoveJ p_home,v150,fine,tool0\ WObj:= wobj0;
ENDPROC
```

④ 工件 2 装配程序编写。

工件 2 的装配流程与工件 1 相同，如图 10-18 所示。

a) 夹取工件 2

b) 放置工件 2

c) 压入工件 2

d) 离开工件 2

图 10-18 工件 2 装配流程

参考程序如下：

```
PROC zhuangpei_2( )
MoveJ p_home,v150,fine,tool0\ WObj: = wobj0;
! 运动到原点位置
MoveL p2_10,v50,fine,tool1\ WObj: = zp_wobj1;
! 沿直线运动到夹取工件 2 邻近点
MoveL p2_20,v50,fine,tool1\ WObj: = zp_wobj1;
! 沿直线运动到夹取工件 2 作业点
Set do01;  ! 手爪夹紧
WaitTime 0. 5;
MoveL p2_30,v50,fine,tool1\ WObj: = zp_wobj1;
! 沿直线运动到夹取工件 2 规避点
MoveL p2_40,v50,fine,tool1\ WObj: = zp_wobj1;
! 沿直线运动到放置工件 2 邻近点
MoveL p2_50,v10,fine,tool1\ WObj: = zp_wobj1;
! 沿直线运动到放置工件 2 作业点
Reset do01;  ! 手爪松开
WaitTime 0. 5;
MoveL p2_60,v50,fine,tool1\ WObj: = zp_wobj1;
! 沿直线运动到压入工件 2 邻近点
MoveL p2_70,v10,fine,tool1\ WObj: = zp_wobj1;
! 沿直线运动到压入工件 2 作业点
MoveL p2_80,v50,fine,tool1\ WObj: = zp_wobj1;
```

！沿直线运动到压入工件 2 规避点

MoveJ p_home,v150,fine,tool0\ WObj：= wobj0；

ENDPROC

⑤ 工件 3 装配程序编写。

工件 3 的装配流程与工件 1 相同，如图 10-19 所示。

a) 夹取工件 3

b) 放置工件 3

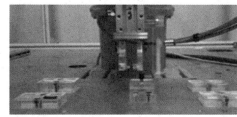
c) 压入工件 3

d) 离开工件 3

图 10-19 工件 3 装配流程

参考程序如下：

```
PROC zhuangpei_3( )
MoveJ p_home,v150,fine,tool0\ WObj：= wobj0；
! 运动到原点位置
MoveL p3_10,v50,fine,tool1\ WObj：= zp_wobj1；
! 沿直线运动到夹取工件 3 邻近点
MoveL p3_20,v50,fine,tool1\ WObj：= zp_wobj1；
! 沿直线运动到夹取工件 3 作业点
Set do01；  ! 手爪夹紧
WaitTime 0.5；
MoveL p3_30,v50,fine,tool1\ WObj：= zp_wobj1；
! 沿直线运动到夹取工件 3 规避点
MoveL p3_40,v50,fine,tool1\ WObj：= zp_wobj1；
! 沿直线运动到放置工件 3 邻近点
MoveL p3_50,v10,fine,tool1\ WObj：= zp_wobj1；
! 沿直线运动到放置工件 3 作业点
Reset do01；  ! 手爪松开
WaitTime 0.5；
MoveL p3_60,v50,fine,tool1\ WObj：= zp_wobj1；
! 沿直线运动到压入工件 3 邻近点
```

MoveL p3_70,v10,fine,tool1\ WObj: = zp_wobj1;
! 沿直线运动到压入工件 3 作业点
MoveL p3_80,v50,fine,tool1\ WObj: = zp_wobj1;
! 沿直线运动到压入工件 3 规避点
MoveJ p_home,v150,fine,tool0\ WObj: = wobj0;
ENDPROC

⑥ 工件 4 装配程序编写:

工件 4 的装配流程与工件 1 相同,但工件 4 是采用吸盘末端执行器来吸取 (do01 改为 do02),如图 10-20 所示。

a) 吸取工件 4

b) 放置工件 4

c) 压入工件 4

d) 离开工件 4

图 10-20 工件 4 装配流程

参考程序如下:

PROC zhuangpei_4( )
MoveJ p_home,v150,fine,tool0\ WObj: = wobj0;
! 运动到原点位置
MoveL p4_10,v50,fine,tool1\ WObj: = zp_wobj1;
! 沿直线运动到吸取工件 4 邻近点
MoveL p4_20,v50,fine,tool1\ WObj: = zp_wobj1;
! 沿直线运动到吸取工件 4 作业点
Set do02; ! 打开吸盘
WaitTime 0. 5;
MoveL p4_30,v50,fine,tool1\ WObj: = zp_wobj1;
! 沿直线运动到吸取工件 4 规避点
MoveL p4_40,v50,fine,tool1\ WObj: = zp_wobj1;
! 沿直线运动到放置工件 4 邻近点
MoveL p4_50,v10,fine,tool1\ WObj: = zp_wobj1;
! 沿直线运动到放置工件 4 作业点

Reset do02；　! 关闭吸盘

WaitTime 0.5；

MoveL p4_60,v50,fine,tool1\ WObj：= zp_wobj1；

! 沿直线运动到压入工件 4 邻近点

MoveL p4_70,v10,fine,tool1\ WObj：= zp_wobj1；

! 沿直线运动到压入工件 4 作业点

MoveL p4_80,v50,fine,tool1\ WObj：= zp_wobj1；

! 沿直线运动到压入工件 4 规避点

MoveJ p_home,v150,fine,tool0\ WObj：= wobj0；

ENDPROC

4）机器人程序调试。建立主程序 main 和子程序，并确保所有指令的速度值不能超过 150mm/s。程序编写完成后调试机器人程序。单击"调试"按钮，单击"PP 移至例行程序…"，单击"fuwei"，单击"确定"，程序指针指在"fuwei"程序的第一条语句。调试界面如图 10-21 所示。

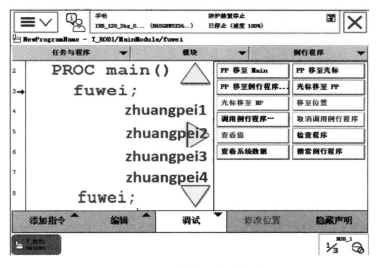

图 10-21　工件装配程序调试

以上就是一个简单的 ABB 机器人用于装配任务的实施过程，希望能够举一反三，以此例为基础学习 ABB 机器人的操作及编程方法，熟悉 ABB 机器人指令，以便对工业机器人的装配作业有更深入的了解。

10.3.2　机器人装配生产线及辅助设备

1. 机器人装配生产线

机器人装配工作站是一种融合计算机、微电子、网络技术等多种技术的集成化系统，可以与生产系统相连接形成一个完整的集成化装配生产线。

2. 辅助设备

装配机器人进行装配作业时，除了需要装配机器人主机和装配设备等以外，还需要一些起辅助作用的如零件供给装置和工件输送装置等其他组件。周边设备常用可编程控制器控制，此外一般还要有台架和安全栏等设备。

（1）零件供给装置 零件供给装置的主要作用是提供机器人装配作业所需零部件，保证装配机器人能逐个正确地抓取待装配零件，保证装配作业正常进行。目前运用最多的零件供给装置有给料器和托盘等。

1）给料器：用振动或回转机构把零件排齐，并逐个送到指定位置，给料器通常以输送小零件为主。图 10-22 所示为振动式给料器。

2）托盘：大零件或者容易磕碰划伤的零件在加工完毕后一般应放在称为"托盘"的容器中进行运输。托盘装置能按照一定精度要求把零件送到给定的位置，然后再由机器人逐个取出。由于托盘容纳量有限，故在实际生产装配作业中往往带有托盘自动更换机构以满足生产需求。托盘的形式多种多样，可根据实际生产需要配置合理的托盘。图 10-23 所示为一种形式的托盘。

图 10-22 振动式给料器

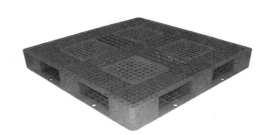

图 10-23 托盘

（2）输送装置 输送装置承担把工件搬运到各作业地点的任务，输送装置中通常以传送带居多，零件随传送带运动，借助传感器或限位开关实现传送带和托盘同步运行，方便装配。输送装置的技术问题是停止精度、停止时的冲击和减速振动，而利用减速器可用来吸收冲击能。

本 章 小 结

机械产品的装配工序是产品生产制造过程中的后续工序。装配机器人在装配生产线上对零件或部件进行装配。与其他类型工业机器人相比，装配机器人属于更加高级、精密、尖端的机电一体化产品，它是集光学、机械、微电子、自动控制和通信技术于一体的高科技产品，是柔性自动化装配系统的核心设备，具有很强的功能和较高的附加值。

根据适应的环境不同，装配机器人可以分为普及型装配机器人和精密型装配机器人两大类。装配机器人大多具有 4~6 轴，根据其臂部的运动形式不同，又可以分为直角坐标型装配机器人、垂直多关节型装配机器人、平面关节型装配机器人和并联关节型装配机器人等。

装配机器人系统由机器人本体、装配系统、控制系统、传感系统、行走系统和安全保护系统等组成。装配机器人的末端执行器常见的有吸附式、夹钳式、专用式和组合式。装配机器人经常使用的传感器有视觉传感器、接触觉传感器、接近觉传感器、力觉传感器和滑觉传感器等。装配机器人在进行装配作业时，还需要一些起辅助作用的如零件供给装置和工件输送装置等其他组件。这些周边设备常用可编程控制器控制，此外一般还要有台架和安全栏等设备。

本章以一个具体的装配作业为例，介绍了 ABB 工业机器人用于装配作业的具体操作，其中也涉及一些程序指令等。

思考与练习题

1. 填空题

（1）根据臂部的运动形式不同，装配机器人可以分为_____装配机器人、_____装配机器人、_____装配机器人和_____装配机器人等。

（2）直角坐标型装配机器人又称为_____，它的工作空间类似于一个_____，它使用_____进行定位。

（3）垂直多关节型装配机器人又称为_____，它的最大工作空间类似一个_____，它通常使用_____定义空间中的点。

（4）由于平面关节型装配机器人在水平方向上具有很大的_____，而在竖直方向具有很强的_____，因此最适用于_____的作业，例如_____等。

（5）如图 10-24 所示为装配机器人的系统组成，请分别解释各编号分别代表什么：1_____，2_____，3_____，4_____，5_____，6_____，7_____。

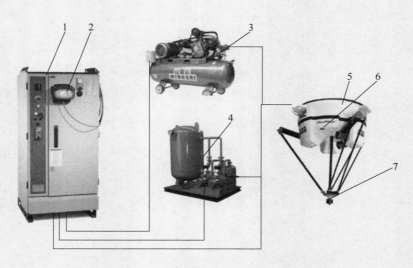

图 10-24

（6）常见的装配机器人传感器有_____传感器、_____传感器、_____传感器等。

（7）装配机器人的滑觉传感器用于判断和测量机器人抓握或搬运物体时物体所产生的_____，它实际上是一种_____传感器。按有无滑动方向检测功能可分为_____、_____和_____三类。

（8）在装配机器人的辅助设备中，目前运用最多的零件供给装置主要有_____和_____等，可通过_____控制。

2. 简答题

（1）装配机器人有哪些主要优势？

（2）简述直角坐标型装配机器人的特点及其应用。

（3）简述接触觉传感器和接近觉传感器的异同点。

（4）简述装配机器人的发展趋势。

（5）零件供给装置和输送装置在机器人装配生产线中分别起什么作用？

参 考 文 献

［1］ 兰虎．工业机器人技术及应用［M］．北京：机械工业出版社，2014．

［2］ 郭洪红．工业机器人技术［M］．2版．西安：西安电子科技大学出版社，2012．

［3］ 叶晖，管小清．工业机器人实操与应用技巧［M］．北京：机械工业出版社，2010．

［4］ 叶晖．工业机器人典型应用案例精析［M］．北京：机械工业出版社，2013．

［5］ 叶晖，等．工业机器人工程应用虚拟仿真教程［M］．北京：机械工业出版社，2013．

［6］ 胡伟，等．工业机器人行业应用实训教程［M］．北京：机械工业出版社，2015．

［7］ 张顺．搬运机器人的发展现状及趋势研究［J］．内蒙古科技与经济，2018（11）：15．

［8］ 黎显伟．码垛机器人的分类及应用［J］．机器人技术，2018，45（3）：29-34．

［9］ 豆磊．码垛机器人的现状及发展趋势研究［J］．时代农机，2018，45（7）：87．

［10］ 黄冰鹏，林义忠，杨中华，等．码垛机器人的研究与应用现状［J］．包装工程，2017，38（5）：
82-87．

［11］ 李晓刚，刘晋浩．码垛机器人的研究与应用现状、问题及对策［J］．包装工程，2011，32（3）：
96-102．

［12］ 程启良，于复生，王波，等．码垛机器人在工业生产中的应用研究综述［J］．机电技术，2016（2）：
135-138．

［13］ 周利平．焊接机器人的发展现状与趋势［J］．山东工业技术，2019（16）：48．

［14］ 靳全胜，李杰．焊接机器人技术研究与应用现状［J］．轻工科技，2018，34（2）：35-36．

［15］ 霍厚志，张号，杜启恒，等．我国焊接机器人应用现状与技术发展趋势［J］．焊管，2017，40（2）：
36-42．

［16］ 董欣胜，张传思，李新．装配机器人的现状与发展趋势［J］．组合机床与自动化加工技术，2007
（8）：1-4．

［17］ 姚志良．装配机器人及其发展动向［J］．组合机床与自动化加工技术，1995（10）：40-42．